飼い主さんに伝えたい130のこと

ハムスターがおしえるハムの本音

監修　今泉忠明
哺乳類動物学者

イラスト　楪子

はじめに

ハムスターのみなさん、こんにちは！
突然ですが、
今の生活はいかがでしょうか。
なんでもほお袋につめちゃう？
飼い主の行動が理解できない？
おなかがすいた？
なるほど、なるほど。
そのお悩み、わたしが解決します！

みなさんはまだ
自分のことをよく知らないようですね。
言葉遣い、行動、体のしくみ、
イチからていねいに説明しましょう。
体の小さいみなさんは
ページをめくるのもひと苦労でしょうけど……。
飼い主に見つからないように
こっそり読んでくださいね。

ハム先生
今泉忠明

おしえて！ ハム先生

ジャンガリアン・♂

ブルーサファイアの毛が
じまんの食いしんぼう。

ハム先生

ハムスターのことなら
なんでも知っている。

ゴールデン・♀

ちょっと強気な、キンクマカラーのレディー。

ジャンガリアン・♂

もうすぐ独り立ちをする予定のベビー。

ロボロフスキー・♂

すばしっこくて活発だけど、実は臆病。

ゴールデン・♂

もうすぐ2歳のシニア。なわばりには厳しい。

※本書では、ペットとして飼われているハムスターのことを「飼いハム」とよびます。

CONTENTS

3章
ハムの生活

4章
人との暮らし

5章 体のヒミツ

6章 ハム雑学

本書の使い方

本書は、読者にやさしい一問一答スタイル。
みなさんの疑問に対して、わたし（ハム先生）がお答えします。

わたしの声、高くない？
#キモチ #超音波
そのごはんおいしそうだね
あげないよ
超音波も使います

飼い主さんへ
ハムのみなさんは気にしなくてけっこうです（飼い主さん、ここをこっそり読んでくださいね！）。

ハムの疑問
性格や習性など、日常でふと感じたさまざまな疑問を、ひとつずつとり上げます。

#（ハッシュタグ）
キーワードを記載しています。INDEX（188ページ～）での検索に役立ててください。

ハム先生の回答
みなさんの疑問に対して、ていねいに回答します。

さらに詳しく説明！

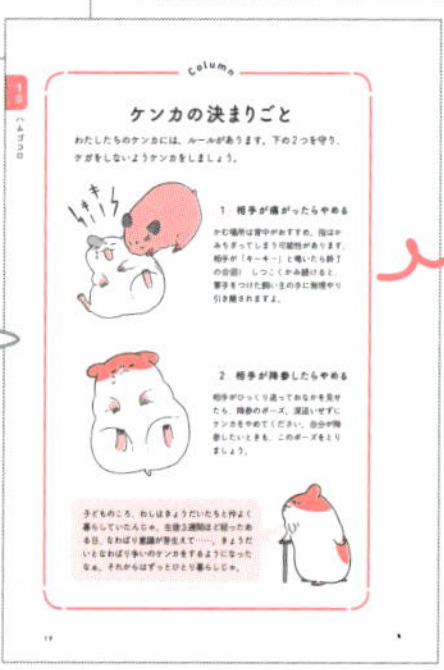

Column
ケンカの決まりごと

Column
みなさんの疑問に関連する内容を、さらに深く掘り下げます。勉強熱心な方はぜひご一読を。

振り返りテストもあります

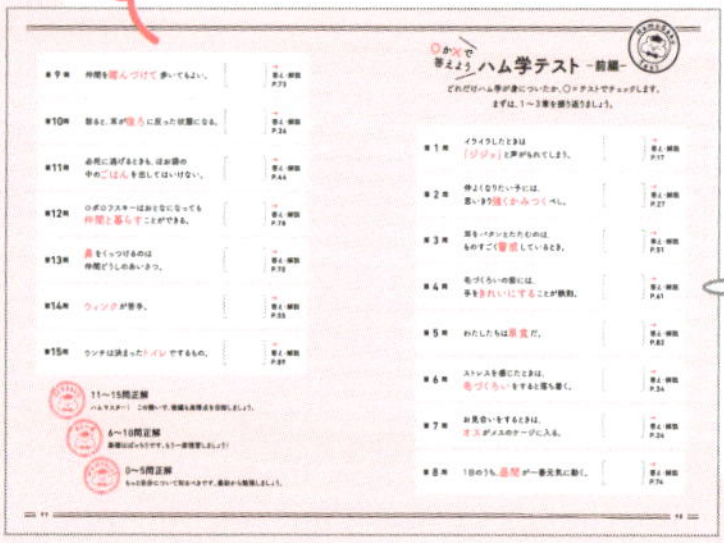

ハム学テスト -前編-

ハム学テスト
前編では1～3章、後編では4～6章を振り返ります。満点目指してがんばりましょう！

1章 ハムゴコロ

好き、きらい、イライラ、リラックス……。
あなたの気持ちを、じょうずに伝えましょう。

わたしの声、高くない？

#キモチ　#超音波

超音波も使います

わたしたちの声と、飼い主の声の高さを比べてみましょう。わたしたちのほうが高いと思いませんか？なんと、ハムスターは人間には聞きとることができない「超音波」を使って仲間と会話をすることもできますよ。

「超音波が使える」と言うとすごい力をもっているように聞こえますが、わたしたち以外にも超音波を使う動物はいます。コウモリは超音波を使って距離を測定しますね。わたしたちはこの使い方はしませんが……。

飼い主さんへ

「鳴いているみたいだけど、声が聞こえない」ときは、超音波を発しているのかも。知り合いのマウスのオスに聞いたのですが、発情期になると、彼はメスに向かって愛を歌うそうですよ。もしかしたら、あなたの飼いハムも愛を歌っているかも？

イライラ……ジジッ

#キモチ　#「ジジッ」

「いや」の意思表示ですね

まあまあ、そんなイライラしないで。声がもれていますよ。その「ジジッ」は、「いやだな」という拒否の気持ちや、「こわい……」と恐怖を感じたときに出るものです。

この声、イライラだけでなく、「こっちに来ないで」という軽い威かくにも使えます。相手があなたに向かって「ジジッ」と鳴いたら、あなたのことをよく思っていない証拠。さびしいですが、深追いせずに接触を避けることをおすすめします。

飼い主さんへ ハムスターに手を出そうとして「ジジッ」と鳴かれたときは、「近寄らないで」のサインです。無理に近づかず、そっとしてあげてください。「大丈夫だよ。落ち着いて」なんて声をかける飼い主がいるようですが、余計にイライラさせるだけですよ。

やるのか？　かかってこい！

#キモチ　#「キーキー」

強気の威かく「キーキー」を発動！

相手に強気で挑みたいときは、「キーキー」と鳴いて威かくしましょう。前ページの「ジジッ」よりも格段に迫力が増すので、相手を確実にビビらせることができるはずですよ。

この「キーキー」という鳴き声は、痛みだったり恐怖だったりで、パニックになっているときにも発せられます。「もう無理！　ギャ――――！」と、かなり興奮している状態ですね。このように鳴いている仲間とは、距離をとることが最善策です。

飼い主さんへ

「キーキー」と鳴いているときは、かなり興奮している状態。むやみに手を出すことは禁物です。さらに、あお向けになってジタバタしながら鳴いているとき（39ページ）は、興奮度がMAXになっているので、手を出すとかみつかれますよ。

Column

ケンカの決まりごと

わたしたちのケンカには、ルールがあります。下の2つを守り、ケガをしないようケンカをしましょう。

1 相手が痛がったらやめる

かむ場所は背中がおすすめ。指はかみちぎってしまう可能性があります。相手が「キーキー」と鳴いたら終了の合図！ しつこくかみ続けると、軍手をつけた飼い主の手に無理やり引き離されますよ。

2 相手が降参したらやめる

相手がひっくり返っておなかを見せたら、降参のポーズ。深追いせずにケンカをやめてください。自分が降参したいときも、このポーズをとりましょう。

子どものころ、わしはきょうだいたちと仲よく暮らしていたんじゃ。生後3週間ほど経ったある日、なわばり意識が芽生えて……。きょうだいとなわばり争いのケンカをするようになったなぁ。それからはずっとひとり暮らしじゃ。

不満を伝えたいのですが

#キモチ　#歯ぎしり

歯をガチガチ鳴らしてみては？

わたしの同僚、ときどき歯をガチガチ鳴らしているんです。歯ぎしりってやつですね。なにか理由があるのかなと思って観察したところ、どうやらいやなことがあると歯ぎしりをするようです。あ、たまに威かくするときにも使っていたかな。

もしも、相手がこの同僚と同じように歯をガチガチと鳴らしていたら、「なにか気に障《さわ》ることをしたかな？」と自分の行動を振り返ってみましょう。気遣いじょうずなハムスターになれますよ♪

飼い主さんへ

「楽しくお散歩している最中にケージに戻された」「もっと遊びたいのに、おもちゃを撤収された」など、飼いハムの不満の原因はさまざまです。仕方がないこともありますが、できる限り不満は解消してもらえるとうれしいです。

ケージをかじると、おやつが出る？

#キモチ　#ケージをかじる

そんなことありません！歯のかみ合わせが悪くなりますよ

以前ケージをかんでいたとき、飼い主がおやつをくれたことがあったのですね？「同じことをすれば、またおやつをくれるはず！」というねらいですか。あなた、なかなか賢いですね。

しかし、その方法は健康上よろしくありません。前歯が曲がって「不正咬合《ふせいこうごう》」になってしまいます。不正咬合になると、かみ合わせが悪くなり、ごはんをじょうずに食べられなくなります。

一瞬の楽しみと前歯、どちらが大切ですか？

飼い主さんへ 不正咬合とは、前歯が伸びすぎたり曲がったりしたせいで、上下のかみ合わせがうまくいかなくなること。先天的なもののほか、飼いハムでは金網をかじることで不正咬合になってしまうことが多いです。金網をかじる癖をつけないように注意しましょう。

うんていでもしようかな

#キモチ　#うんてい

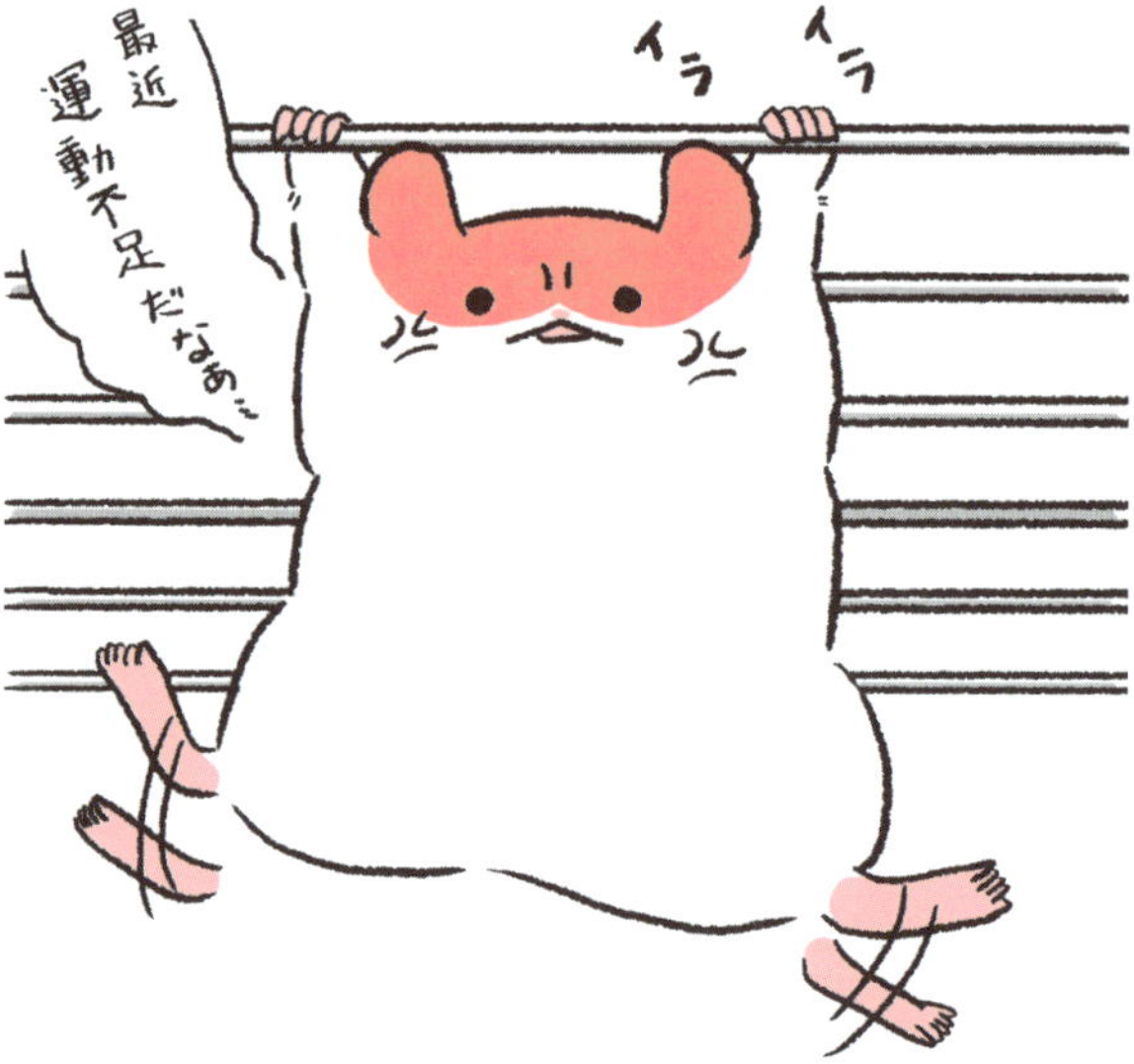

運動不足のようですね

もしかして運動不足ですか？　運動不足やひまな飼いハムたちの間では、ケージの金網を使ったうんていが流行《はや》っているようですね。身近なものを使う、そのひらめきには感心しますが……。一方で、うんてい中にケガをする仲間が多いことをご存じですか？　うっかり手をすべらせて天井から落下し、骨折してしまう事故が少なくないのです。

そんな危険を冒《おか》さずにすむよう、安全な運動アイテムを飼い主に用意してもらいましょう。

飼い主さんへ　ケージ内に回し車を入れたり、トンネルを置いたり、飼いハムが好きなだけ運動ができるアイテムを用意してください。また、うんてい防止のために、天井への踏み台になるようなものは置かないなど、ケージ内のレイアウトにも気を使ってくださいね。

出口はどこ？

#キモチ　#脱走？

なわばりパトロールの時間ですか？

ケージから出て、外の世界を歩いたことがあるようですね。一度歩いた場所なら、もちろんそこもあなたのなわばりです。大切ななわばりは、問題がないかきちんとチェックしなきゃいけませんよね。

あなたのパトロールへの執念《しゅうねん》はいかほどでしょうか。うんていをしながら出口を探したり、手を使って扉をこじ開けたり？　なるほどなるほど。わたしの知り合いには、プラスチックの壁をかじって破り、外に飛び出した強者がいましたよ。

飼い主さんへ　一度部屋の中を散歩すると、飼いハムはそこをなわばりだと認識します（106ページ）。なわばりの確認は毎日したいもの。わたしたちは器用なので、簡単な扉なら手で開けられます。扉には二重に鍵をつけるなどして、厳重に施錠《せじょう》したほうがよいでしょう。

ケージの向こうにいる、彼が好き♥

＃キモチ　＃お見合い

ケージ越しでOKなら直接会ってみましょう

「なぜケージ越しにしか会えないの⁇」ですか？　それはですね、運命の相手にめぐり合うことは難しいからです。見ず知らずの、しかも自分のタイプではないオスのなわばりに遊びに行くなんていやですよね。まずはケージ越しでのお見合いで、おたがいの姿やにおいに慣れることが重要なのです。

ケージ越しでのお見合いをクリアしたら、飼い主に頼んで直接会わせてもらいましょう。そこでもうまくいけば、晴れて夫婦になれますよ。

飼い主さんへ　メスがしっぽを立てておしりを上げる体勢をとったら、オスのケージに入れましょう。交尾の時間は20分～1時間ほど。各々が自分の生殖器をなめていたら終了の合図です。速やかにメスをもとのケージに戻しましょう。

Column

お見合いエピソード

ケージ越しのお見合いが成功しても、いざ同じケージで対面するとケンカしてしまうことがあります。しかし、そこで諦めてはいけません！　一度距離をとって再チャレンジした結果、晴れて夫婦になったカップルがこちらです。

彼のケージがわたしのケージの隣に置かれてね、何日間か彼の姿をじっと観察したわ。においも確認したし、「いいかも♥」と思ったの。それを飼い主も察してくれたのね。わたしの発情期がはじまったタイミングで、彼のケージに連れていってくれたの。だけど……。

直接会うと、あまりしっくりこなくて。めちゃくちゃケンカしちゃった。すぐに飼い主が止めに入って、彼女は自分のケージに戻ったよ。しばらくイライラしていたけど、1週間ほど経ったらそんなこと忘れちゃって。そうしたらまた彼女がやってきて、今度はケンカもせず、晴れて夫婦になれたんだ。

体調悪くなんて……ないです……

#キモチ　#体調不良

体調不良を隠すタイプです

野生の世界では、敵がいっぱいいるわたしたち。少しでも弱いところを見せたら、すぐに捕食されてしまいます。だから、体調が悪くても、だれにも気づかれないように元気なフリをしなければなりません。

しかし、飼いハムのみなさん。今の環境で、弱っているあなたをねらって食べようとする敵はいないはず。それどころか、そばにいる飼い主はあなたの健康を願ってやみません。体調が悪いときは食事をしないなど、積極的にアピールしましょう。

飼い主さんへ 体の小さなハムスターの、体調不良のサインを見つけるのは至難のわざ。食事の量や動き、排せつ物など、ふだんと違っているところがないか細かくチェックしてください。腫瘍《しゅよう》が目立つなど、見た目で「病気かも」とわかるときには、すでに重症なのです……。

あの子と仲よくしたいです

#キモチ　#甘がみ

甘がみをしてじゃれ合いましょう

あなたはシャイなタイプですね。それでは、まわりの子たちがどんなふうに遊んでいるかを観察しましょう。どうですか？　ペロッとなめてからカプッと甘がみをしていますね。まねをして、甘がみをしてみましょう。

この遊びでは、強くかまないように注意が必要です。相手が「ジジッ（17ページ）」や「キーキー（18ページ）」と鳴いたら、「痛いよ、やめて」ということ。すぐに離れてあげてくださいね。そういう細かい配慮が、みんなと仲よくなるコツです。

飼い主さんへ　ハムスターがおたがいに甘がみをしているのは、じゃれ合いの一環です。ただし、どちらか一方が痛がって「キーキー」と鳴いているときはケンカ（19ページ）。流血沙汰になる可能性もあるので、すぐに引き離してくださいね。

なわばりをアピールしたい！

＃キモチ　＃トイレ後の砂かき

オシッコがついた砂をまき散らしましょう

なるほど、あなたはなわばりに対して、かなりのこだわりがあるようですね。そんなあなたには、「トイレ後の砂かき」をおすすめします！

あなたのにおいがギュッと凝縮されたオシッコには、なわばりを示すマーキングの効果があります。トイレに砂があるでしょう？　オシッコをしたら、足で砂を思いっきりかきましょう。そうすると、オシッコがついた砂がまわりに飛び散り、「ぼくのなわばりです」としるしをつけたことになります。

飼い主さんへ　トイレのあとに砂をかく子は、なわばり意識が強い証し。オシッコの前に砂をかく子もいますが、それはマーキングではなくただの安全確認。自分がオシッコをする場所に問題がないか、地面を掘ってチェックしているのです。

くっついて眠りたい

#キモチ　#ハムどうしくっつく

ロボロフスキーは集団が好き

そこのロボロフスキーさんは、仲間といっしょにいることが好きなんですね。ゴールデンさんやジャンガリアンさんはどうです？「仲間といっしょなんてとんでもない」？　ですよね！　この団体行動好きは、ロボロフスキーさん特有の性格。

わたしたちハムスターは、なわばり意識が強いためおとなになるとひとりで暮らします。しかしロボロフスキーはとても臆病な性格なので、仲間といっしょにいることで落ち着けるのです。

飼い主さんへ

「そんなにぎゅうぎゅうになって、苦しくないの？」と思うくらい、折り重なって眠るロボロフスキーたち。彼らはハムスターのなかで唯一、おとなになっても複数飼いができる種類です。こわがりで神経質なので、やさしく接してくださいね。

Column

ハムスター図鑑

飼いハムとしてメジャーな5種類を紹介します♥

ゴールデンハムスター

体長 18〜19cm

体重 95〜150g

原産国 シリア、レバノン、イスラエル

ペットとして飼われている種類のなかで、一番大きい子。おだやかな性格で、人になつきやすいです。ただし、なわばり意識がとても強いので、1匹飼いが必須。

ジャンガリアンハムスター

体長 6〜12cm

体重 30〜40g

原産国 カザフスタン、シベリア

ドワーフ種（体が小さめのハムスター。ここではゴールデン以外）のなかで、一番おとなしい。人にもなつきやすいので、ハム飼い初心者の方にもぴったり♪

知ってる？ 臭《しゅう》腺《せん》の場所

マーキングに役立つ分泌液は、「臭腺」から出ます。ゴールデンは左右のわき腹に、ドワーフ種は口のまわりとおなかにありますよ。

ロボロフスキーハムスター

体長 6〜10cm

体重 15〜30g

原産国 ロシア、カザフスタン、モンゴル

ドワーフ種のなかで一番小さいサイズ。とてもすばしっこいです。臆病な性格なので、手乗りなど人になつくのはむずかしいかも。複数飼い向きです。

キャンベルハムスター

体長 6〜12cm

体重 30〜45g

原産国 ロシア、モンゴル、中国

見た目はジャンガリアンとそっくりですが、性格は正反対。とても攻撃的で気の強い性格です。基本的に、人には慣れない子が多いかも。

チャイニーズハムスター

体長 9〜12cm

体重 30〜40g

原産国 中国、内モンゴル自治区

体が細長く、しっぽがネズミのように長いのが特徴。顔もやや面長です。警戒心が強いですが、時間をかければ人に慣れることもあります。

おもらししちゃった……

＃キモチ　＃おもらし

恐怖で心がいっぱいなんですね

大丈夫。おもらしは恥ずかしいことではありません。わたしたちは基本的に決まった場所でオシッコをします（88ページ）。その場所以外でオシッコをするのは、不安や恐怖で心がいっぱいになったときです。

ストレスを抱えたときに、気持ちを落ち着けるのに効果的なアイテムはなんでしょうか？　そう、自分自身の「におい」です。オシッコをして周囲に自分のにおいをつけることで気持ちを落ち着かせるのは、とても理にかなった行動なんですよ。

飼い主さんへ　ウンチをもらした場合、通常運転かストレスのせいなのかを見極めるのはむずかしいところ。もともとウンチは、いろいろなところでするからです（89ページ）。体がこわばっているなど、いつもとようすが異なれば、ストレスのせいかもしれません。

Column

こんな理由でおもらししました

リラックス方法とはいえ、おもらしをしないに越したことはありませんよね。おもらし経験者の話を聞いて、どんなストレスの原因があるかを探ってみましょう。

Case1 引っ越したて

わたしは巣箱の中でしちゃった。お引っ越ししたばかりで、外に出ることがこわくて……。眠る場所だから、本当は汚したくないのだけど。しばらくして外の環境に慣れたら、おもらしをしなくなったわ。

Case2 手がこわくて

ぼくは、飼い主の手のひらで。人の手なんて乗ったことがなかったし、ものすごく緊張しちゃって。今はもう手乗りに慣れたけど、ときどきおもらしするな。飼い主は笑って許してくれるよ。

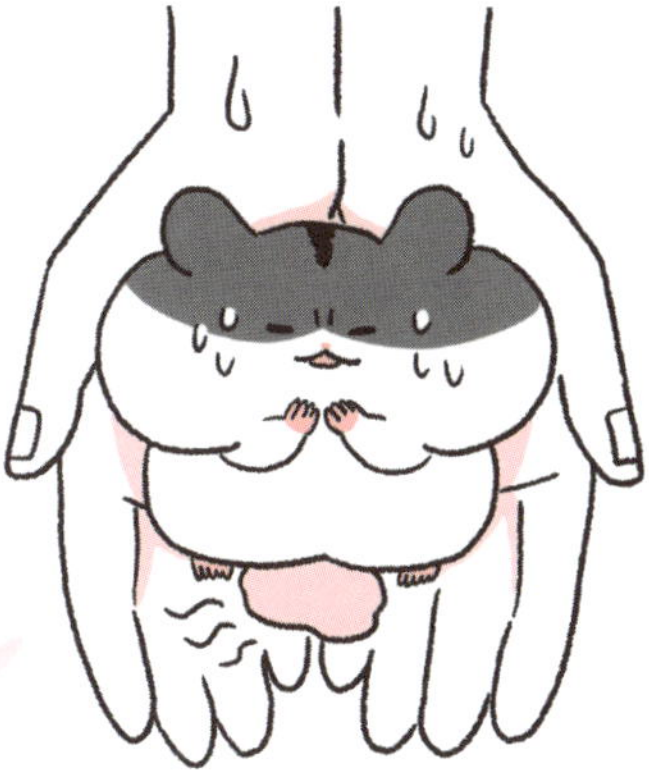

ストレスフル！

#キモチ　#毛づくろい

毛づくろいをしましょう

われわれ動物は、ストレスを感じたときに、自分自身を落ち着かせる術をもっています。まったく関係ない行動をすることで、緊張をやわらげるんです。たとえば、イヌだったら足をなめたり、ネコはあくびをしたりします。

わたしたちハムスターの場合、パニックに陥《おちい》ったら「毛づくろい」をするのがおすすめです。一心不乱に毛づくろいをしているうちに、だんだん気分が落ち着いてくるはずですよ。

飼い主さんへ　緊張をやわらげるための、このような行動を「転位行動」とよびます。引っ越しの初日やケージの掃除をしたあとなど、自分のにおいがついていない場所は、ハムスターにとって緊張するもの。毛づくろいをすることで心を落ち着かせる子が多いです。

ペロペロ。これなに〜？

#キモチ　#なめる

いつもと違う味、どう？

人の手、ケージの壁……。どんな味がするのか気になりません？　わたしは、気になったものはなめるように努めています。人の手は塩分の味、ケージは鉄分の味がしました。ふだんのごはんと違う味って新鮮ですよ。ケージ内にあるものは基本、口に入れても安全なものばかり。気になるものはなめてみましょう。

なんていったって、わたしたちは味の違いがわかる動物！　キャベツなどの葉っぱ類や、木の実の味の違いだってしっかりわかりますよ。

飼い主さんへ　野生の動物は、ミネラルを補給するために石をなめることがあります。わたしたちが人の手やケージをなめるのは、それと同じ理由か定かではありませんが……。飼い主のなかには、手をなめると「愛情表現かな」と解釈する方がいますが、単なる味見です。

怒っているの、すぐ見抜かれます

#キモチ　#耳が反る

耳が後ろに反っているからです

仲間どうし「うわ。あの子、めちゃくちゃ怒ってるなぁ……」ってすぐわかりますよね。どうしていとも簡単にわかるのでしょうか。雰囲気？　鳴き声？　それも一因ですが、もっともわかりやすいのは耳の動きです。

通常は、わたしたちの耳はピンと立っています。ところが、怒ったときや警戒しているときには後ろに反った状態になるんです。隠そうと思ってもむだ。耳は、口ほどにものを言うんですよ。

飼い主さんへ　耳の動きは、気持ちを知るためのとてもわかりやすい情報源です。後ろに反っているときは、なにかに警戒している証拠。これに加えて怒りの鳴き声（18ページ）を発していたら、怒りのボルテージは最高潮です。

危険がせまっている……？

#キモチ　#両手を構えて立つ

すぐ逃げられる警戒ポーズで待機

逃げるべきか、ようすを見続けるべきか。なんとなく危険な雰囲気をキャッチしているけれど、本当に危険かどうかを見極めきれないとき……。次にどう行動すればよいか、迷いますよね。

そんなときにおすすめなのが、両手を胸のあたりに構えて、足で立つポーズ。われわれの足の力はとても強いので、簡単に立つことができますよ。このポーズをとったまま、耳と目を使ってまわりの状況をうかがってくださいね。

飼い主さんへ

飼いハムがこのポーズをとっていたら、なにかしらの危険を察知しているということ。人間には聞こえない、かすかな音に反応しているのかもしれません。ハム自身が安全だと納得するまで、物音を立てずにそっと見守ってください。

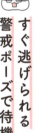

近づいたら攻撃するぞ！

＃キモチ　＃両手を上げて立つ

警戒のポーズ＋手を上げて！

「逃げないぞ！　受けて立とうじゃないか！」と決めたら、攻撃のポーズをとりましょう。前ページで教えた警戒のポーズはマスターしましたか？　まずはそのポーズをとります。さらに、両手を高く上げてください。これが攻撃のポーズです。手も使えますし、すぐにかみつけますし。いい体勢でしょう？

さらにこのポーズのよいところは、相手から見ると大きく見えるということ。いつもより大きい（ように見える）あなたに、相手は恐れおののくはずです。

飼い主さんへ　クロハラハムスターが攻撃のポーズをとると、迫力バツグンです！　ふだんは見えないおなかの黒い部分が、立ち上がって両手を上げることで前面に見えます。大きく見えるし、さらに黒いし……で、こわさが倍増するんです。

降参したのに、許してくれない

#キモチ　#あお向けでジタバタ

あお向けになって最後の抵抗を

急所であるおなかを見せるのは、「参りました、これ以上なにもしないでください」という降参のポーズです。「それでも攻撃されたら、やられちゃいますよ」と心配ですか? 安心してください。おなか側には、わたしたちの最強の武器、歯があります!

降参のポーズをしても相手が攻撃してきたら、手足をジタバタさせ、「キーキー」と威かくの鳴き声（18ページ）を発しましょう。「それ以上やってみろ! かみついてやるからな!!」とアピールするのです!

飼い主さんへ　野生では、フクロウなどの敵に捕まってしまったときにもこのポーズをとります。武器である前歯を使うことで、どうにかして逃げ出そうとするのです。絶体絶命の状況では、急所であるおなかばかりを守っても意味がありませんしね。

ひとやすみ

わたしをお外に連れてって

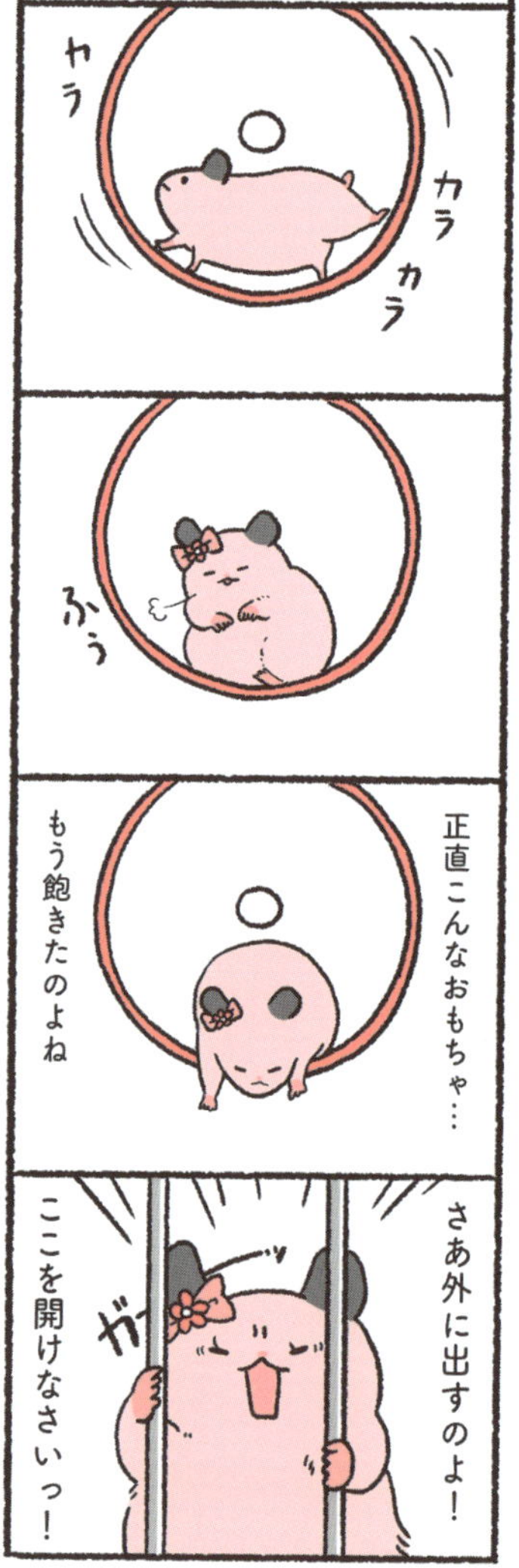

楽しいうんてい

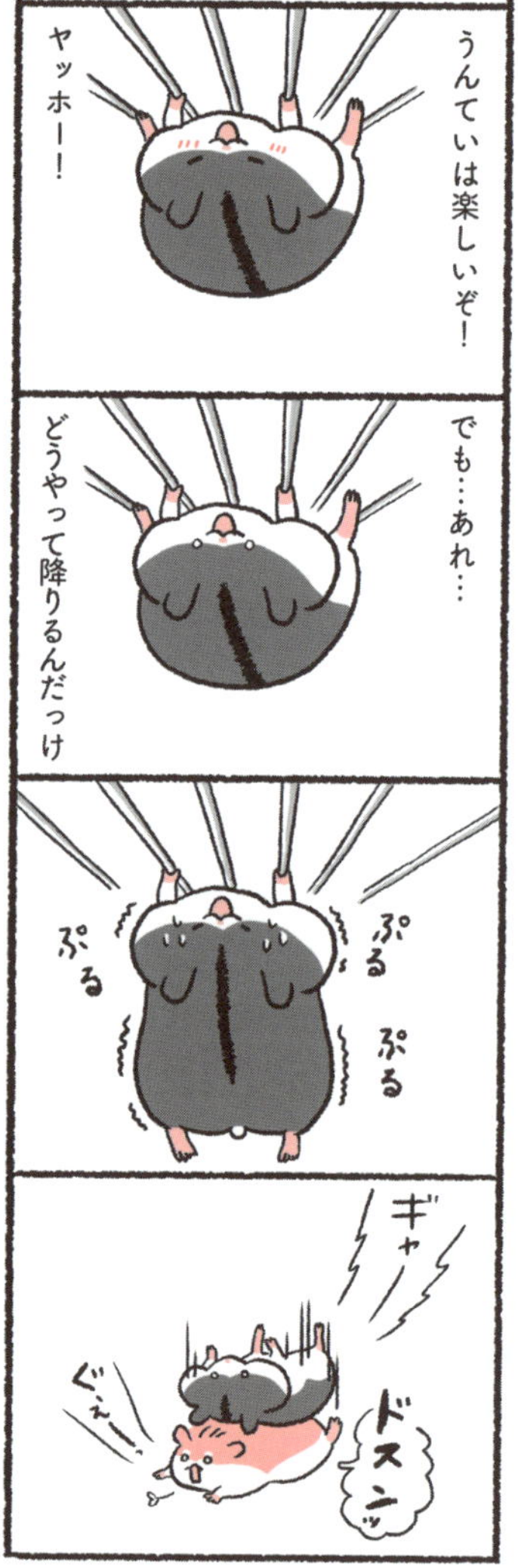

2章

ナゾのしぐさ

あ！　今あなたがとっている姿勢、
それにもきちんとした理由がありますよ。

こわいと体がかたまるの

#しぐさ　#かたまる

敵をやり過ごすよい方法です

それでは、野生のようすを見てみましょう。ふつうに歩いているハムスターがいますね。おや？　かたまりました！　上空で宿敵・フクロウが飛んでいます。じっとしていると……フクロウは通り過ぎました。なぜ捕まえられなかったのでしょうか？

敵はバツグンの動体視力でわれわれを見つけて捕まえます。一方、静止視力はとても弱い。その弱点をついて、敵の気配を察知したら「獲物ではありません。動いていませんよ」と、すぐに体をかためるのです。

飼い主さんへ　野生の名残で、飼いハムもこの行動をとります。命をかけてかたまっているので、なにも構わずに、飼いハムの存在に気づかないフリをしてください。大きい音を出すなどの刺激を与えると、パニックになってしまいます。

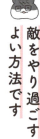

どうしよう、逃げようかな……

#しぐさ　#お手のポーズ

スタートダッシュの準備を

37ページでも警戒ポーズを紹介しましたが、それよりも軽い警戒のときは、片手を上げる通称「お手」のポーズをおすすめします。立ち上がるほど体力を使いませんし、いざ逃げるときもすぐにスタートダッシュをきれますよ。

ちなみに、イヌは芸として飼い主に「お手」をします。それと勘違いして、「すご〜い！　うちの子、芸ができるのね♥」と大喜びする人もいるのだとか。こちらはその大声で、さらに緊張してしまうのに……。

飼い主さんへ　とてもかわいらしいお手のポーズですが、けっして芸ではありませんよ。すぐに逃げ出せる体勢をとっているだけです。「かわいい♥」だなんて絶対に騒がないでくださいね。飼い主の声に驚いて、逃げ出してしまう仲間もいるとよく聞きますよ！

はやく逃げる方法、教えて！

#しぐさ　#ほお袋の中身を出す

ほお袋の中身を全部出しましょう

そこは病院の診察台でしょうか。見たこともないものと、白い服を着た知らない人間に囲まれて……。もしかして、その白い服を着た人は敵!?　あなたを食べようとしているのかも。今すぐ逃げましょう！

ちょっとあなた、本気で逃げる気ありますか？　ほお袋にごはんを入れたまま走ったって、すぐに捕まってしまいますよ。ごはんより、命が大事です。すべてその場に吐き出しましょう。吐いたものに敵が気をとられて、逃げる時間稼ぎになるかもしれません！

飼い主さんへ　わたしたちは逃げるとき、できるだけ身軽な状態になるために、ほお袋にためているものをすべて出します。大切なごはんを捨ててまで逃げたいなんて、かなり緊迫している証拠。病院の診察台で吐き出す子が多いようです。

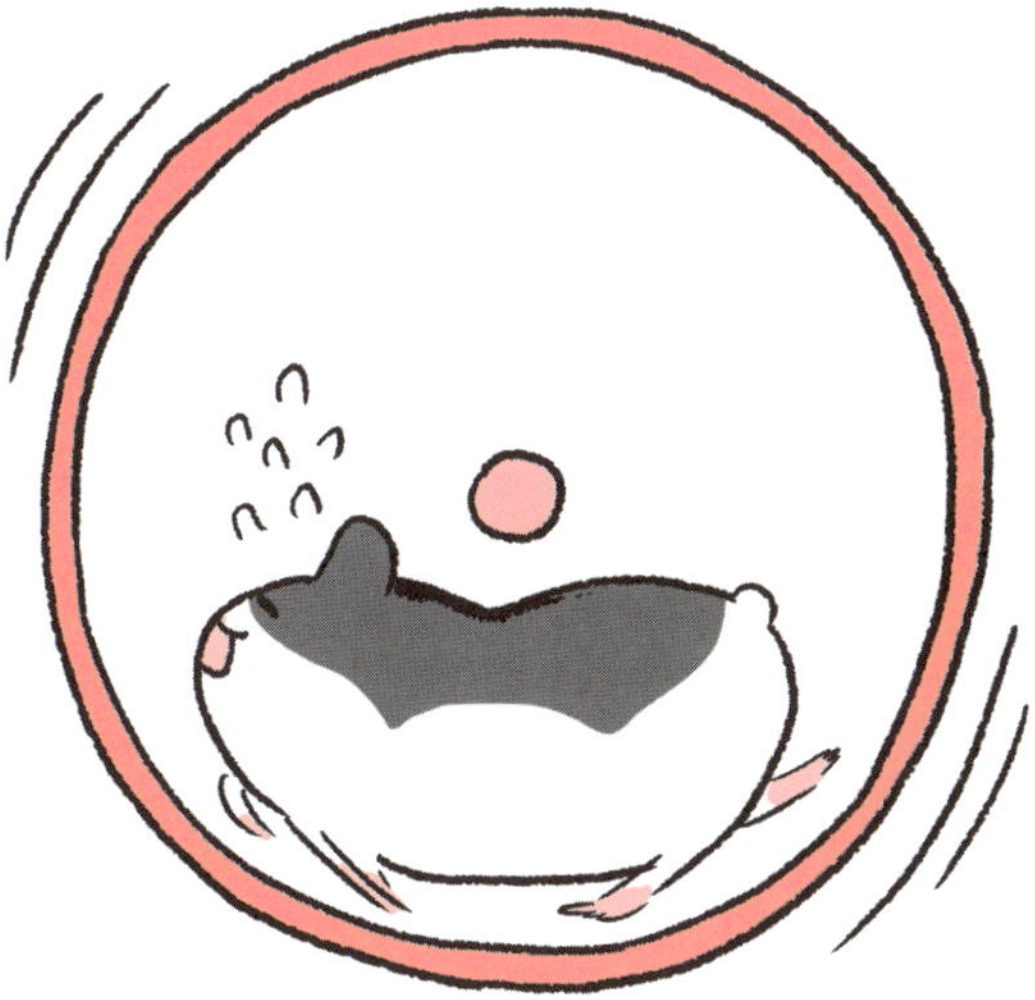

遠くへ行きたい！

#しぐさ　#回し車で全力疾走

さあ、回し車に乗って

なにかこわいことがあったんですか？　そんなに目を見開いて猛ダッシュするなんて、ただごとではありません。でも、ケージの中では逃げる距離に限界が。そんな飼いハムのお悩み、わたしが解決します！

そこに回し車がありますよね？　今すぐ回し車に乗りこんでください。そこでひたすら走り続ければ、ここからかなり離れた遠いところへ行った気になれますよ。好きなだけ走ったら回し車から降りて、いつもの暮らしに戻りましょうね。

飼い主さんへ　飼いハムが回し車に乗って一心不乱に走り続けているときは、なにかしらのストレスを発散している可能性があります。そばにある危険から逃げる必要性を感じ、「もっと遠くへ行かなきゃ！」と焦っているのです。

安全な歩き方を知りたいです

#しぐさ　#ほふく前進

体を低くしましょう

わたしたちは捕食される動物。それゆえ、先祖たちはさまざまな警戒ポーズを編み出してきました。その名残が、飼いハムのわたしたちにもありますよ。

そのうちのひとつが、地面にピッタリくっついて歩くこのポーズ。敵から見つかりにくいのはもちろんですが、一番のポイントは地面のにおいをかげること。体を低くすると、自然と鼻も地面に近づきますよね？　においをかいで、「よし！　この道は安全だな。進もう」と判断しながら歩くことができます。

飼い主さんへ　人間も、忍び足をするときは、なんとなく体を縮ませますよね？　それと同じように、なんとなく危ない雰囲気を察したときは、わたしたちも体を小さくします。においもかげますし、地面に近ければ近いほど安心する性《さが》なんですよ。

通った道に、しるしをつけたい

#しぐさ　#マーキング

臭腺をこすりつけて歩きましょう

はじめての場所って緊張しますよね。できることなら、見慣れた道だけを通りたいもの。それが無理ならせめて、一度通った道はわかるようにしたい……。気持ちは痛いほどわかります。その方法、ありますよ。

右ページで紹介したスタイルで歩きながら、道に臭《しゅう》腺《せん》（30ページ）をこすりつけるんです。臭腺は、ゴールデンなら左右のわき腹に、ドワーフのみなさんならおなかの中央にありますよ。そこを道にこすりつけて、自分のしるし（におい）を残していきましょう。

飼い主さんへ　次に同じ道を通ったとき、道の途中でにおいが途絶えていたら、「前に来たとき、ここで危険に遭遇して引き返したのかも。ということは、この先は危ないな」とわれわれは推測しています。あえて危険な道につき進むようなことは、けっしてしません。

あお向けで寝るのが好き

#しぐさ　#あお向け寝

警戒心、ゼロ！まさに飼いハムならではの姿です

野生の仲間に「地上であお向けの体勢になって眠る子がいる」と言ったら、「そいつ、死を覚悟しているのか!?」と驚いていました。それもそのはず。おなかはわたしたちの急所です。その急所を、巣穴に入らずにさらけ出しながら眠りにつくなんて、敵に「いつでも食べていいよ♥」と言っているようなもの。

しかし、飼いハムにその危険はありません。眠っている最中にあなたを襲う敵はどこにもいませんよ。安心して、無防備な姿で眠りについてくださいね。

飼い主さんへ　飼いハムがあお向けで寝ていたら、「安心しているんだ」と喜んでください。ただし、ぬか喜びの可能性も……。暑いときにも、あお向けの姿勢をとることがあるからです（138ページ）。わたしたちの本心を読み解くには、総合的に判断してくださいね。

Column

あくびはリラックスの証拠

大きな口を開けて「ふわぁ〜」っと、あくびをしたことがありますか？　イヌやネコたちは、緊張をほぐすためにあくびをすることが多いようです。でも、わたしたちは正反対。リラックスをしているときに、思いっきりあくびをするんですよ。

わたしもあくびをするわよ。この間なんて、まったり毛づくろいをしている最中に、あくびが出たわ。そして、気づいたらあお向けの姿勢で寝ちゃってたの。つまり、今の環境にとても安心しているってことね！　飼い主、よかったわね！

あの子、おしりをつけて座ってる

＃しぐさ　＃座る

安全な場所にいるのでしょう

あなたはどうして、おしりをつけて座らないんですか？　おしりをつけて座ってしまうと、いきなり敵が来たときに、すぐに走り出せないからですよね。わかります。警戒しなければならない場所では、おしりをつけるなんて命とりの行動はおすすめしません。

つまり、おしりをつけているあの子には「ここは120％安全」という信頼と確固たる自信があるということ。あなたも安全が保証された場所では、おしりをつけて座ってみたらよいでしょう。楽ちんですよ。

飼い主さんへ　人間のみなさんだって、危険がせまっている場所ではのんびり座るなんてこと、しませんよね？　わたしたちハムスターも同じです。4本の手足をすべて地面につけないで座るなんて、相当な信頼や自信がないとできないことなんです。

なんか言ってる
まぁいいやー
ハムスケー
リラックスモード

なんにも聞かなくていいや♪

#しぐさ　#耳をたたむ

リラックス～♪

わたしたちは、耳から入ってくる音で、かなりの情報を得ています。警戒しているときや、興味があるものに対しては、「少しも聞き逃すまい」と耳をピンと立てますよね。

そんな大事な耳をたたんでいるのは、「まじめに聞かなくてもいいや。だってここは安全だもん♪」ということ。かなりリラックスしている状態です。みなさんも気を張ってばかりでなく、ときには耳の力を抜いてゆっくりしてくださいね。

飼い主さんへ　耳はとてもデリケートな部分です。むやみにさわったり、引っ張ったりしないでくださいね。いっきに警戒モードに突入しちゃうので。ちなみに、リラックスして眠っているときも、耳はパタンとたたんでいますよ。

なにあれ、気になる〜

#しぐさ　#じっと見つめる　#耳を傾ける

目と耳を駆使しましょう

ちょっと待って！　気になる物体の正体はわかっていますか？　正体不明の物体に、やみくもに近づくのは危険すぎます。まずはその場で、目をパッチリ開けてよ〜く観察してみましょう。耳もその方向に向けて音を聞いてみてください。

安全だと判断できたら、物体に近づいてみましょう。もしかすると、飼い主があなたにプレゼントしてくれた、新しいおもちゃかもしれません！　安全だと判断できない限りは、けっして近づいてはいけませんよ。

飼い主さんへ　飼いハムが目と耳を一点に向けてじっとしているときは、その後の行動も観察して、気持ちを総合判断してください。ポジティブな気持ちのときはその物体に近づきますし、警戒しているときはじっと動かずに体をこわばらせています。

もっとよく見たいなあ

#しぐさ　#首をかしげる

首を傾けてみましょう

じっと見つめて、耳をすましても、イマイチ情報が入ってこないようですね。目と耳を動かすだけでは限界があります。そんなときは、首をいろんな角度に動かしてみましょう。そうすると、目と耳の角度が変わるでしょう？　角度が変われば、見え方や聞こえ方も変わりますよね。いろんな角度からいろんな情報を集めましょう。ちなみに、人間も首をかしげることがありますが、これは単なる「わからない」というジェスチャーです。

飼い主さんへ　いつも首をかしげていたら、斜頸《しゃけい》という病気の疑いがあります。内耳の細菌感染や、高所から落下した衝撃によって、バランスをとる器官を損傷したことが原因で起こる病気です。病院へ連れていってあげましょう。

ま、まぶしい～

#しぐさ　#目をしょぼしょぼ

目をしょぼしょぼさせましょう

まぶしい光が入ってきたら、目をしょぼしょぼさせて小さくしてみましょう。そうしているうちに、だんだんと光に慣れてくるはずですよ。

地下のトンネルで暮らしていたわれわれの目は、ほんの少しの光でもとりこもうとするつくりになっています。だから、急な光の変化にはびっくり！　でも、飼い主が帰宅したら部屋に電気がつきますし、巣箱の掃除のときには屋根をとられて光が入ってくる……。人と暮らすって、大変ですよね。

飼い主さんへ　寝起きのタイミングでも、「ふわぁ～起きるか～」と目をしょぼしょぼさせることがあります。また、やけにまばたきが多いときは、乾燥のせいかもしれません。湿度は40～60％が快適です。これより低くないかチェックしてくださいね。

ぎゃ！ 目にゴミが入る！

#しぐさ　#ウィンク

ウィンクをしちゃいましょう！

目になにかが入りそうなとき、人間は両目をぎゅっとつむります。でも、たいていなにかが入る可能性があるのは右目か左目のどちらかですよね？　そこで、片目だけをつむる「ウィンク」をおすすめします。人間にとって、ウィンクは練習しないとできない技ですが、わたしたちなら大丈夫！　もともと地面を掘って暮らしていたので、掘りながら土が目に飛んでくるなんて日常茶飯事。右目をつむり、左目をつむり。ウィンクなんて楽勝です。

飼い主さんへ　止まらぬ勢いで床材を掘っているわたしたち。一見、顔面にものが当たっても気にせず掘り続けているように見えますが……。よく観察すると、目になにかが入りそうなときは、とっさに目をつむってガードしているんですよ。

食べものをつめなきゃ！

#しぐさ　#ほお袋につめる

ほお袋にたくさんつめこんで

今見つけたごはんは、もしかすると人生で最後のごはんかもしれません。それを確保しておかなかったら一生食事にありつけない可能性もあります。そんなごはんを見逃すわけにはいきません！

ごはんを見つけたら、すぐにほお袋につめましょう。そして、秘密の場所にこっそりとためておくと、いつでも食べることができて安心ですね。

ほお袋の成り立ちについて知りたいって？　180ページで紹介していますよ。

飼い主さんへ　野生では、ごはんを探しに行くのも命がけ。できるだけ敵がいる地上はウロウロしたくないものです。だからわたしたちは、ごはんを見つけたら、ほお袋の中に入るだけ入れるようにしています。それらは食糧貯蔵庫に保管。これが生き延びる術なんです。

Column

口に入れたものの見分け方

ほお袋にごはんをつめこむわたしたちを見て、人間は「一回出したものを、間違えてまたつめることもあるんじゃ?」ということを思うようです。まったく失礼な人たちですね。一回ほお袋に入れると、自分の唾液がつきますよね。そのにおいできちんと判断できるので、間違えてもう一度口に入れちゃう……なんておばかなことはしませんよ!

ほお袋につめたごはんは、いつものごはん置き場まで運ぶのがぼくたちのルール。せっかく集めたごはんを、途中で「やっぱり、ここに置いちゃおう」なんて吐き出すことはしないよ。きちんと保管して、自分の好きなときにこっそり食べるのさ。……なんだかおなかがすいてきたな。とっておいたごはんを食べようっと♥

ごはん、かたいのばっかり

#しぐさ　#ごはんをかじる

かたいものを食べることで歯がうまく削れています

今日のごはんはなんでしょうか。かたいひまわりのタネ、ぎゅっとかためられたペレット、歯ごたえバツグンのニンジン？　わたしたちが食べるものって、かたいものが多いですよね。このかたさは、わたしたちの歯の手入れに役立っているんです。

わたしたちの歯って伸び続けるんですよ。でも、いい感じの長さをキープしているでしょ？　それは、かたいごはんを食べているから。食べてはすり減り、また伸び……をくり返しています。

飼い主さんへ　歯が伸びすぎると、不正咬合（21ページ）の原因になります。種子類やかたいペレットを日常的にかじることで、適切な長さが維持されているのです。リスなどのげっ歯類も、同じようにして歯の長さが調整されているんですよ。

どこからかじろうかな？

#しぐさ　#ごはんを回す

クルクル回して かじる場所を見つけて

かたいものを食べ慣れているわたしたちも、割れそうにないものをひたすらかみ続けるのはつらいですよね。わたしたちの手はとても器用なので、両手でごはんを持ち、クルクルと回してみましょう。小さなヒビや、少しだけやわらかくなっている場所を見つけられたらこちらのもの！　そこに歯を引っかければ、簡単に割って食べることができます。ちなみにこの両手でごはんを持って食べる姿、人間から「かわいい♥」と好評らしいです！

飼い主さんへ 木の実や種子などの、かたいごはんをクルクルと回すのは、げっ歯類に共通する行動です。もしも飼いハムが、食べづらそうにごはんをクルクル回していたら、軽く砕いて小さくしてあげるなどの配慮をお願いしますね。

食後、手のにおいが気になる

#しぐさ　#手をなめる

なめてにおいをとりましょう

人間はスプーンなどの道具を使って食事をしますが、わたしたちは手で直接ごはんをつかんで食べます。だから、食事のあとに、手にごはんのにおいがついちゃうんですよね～。

においをつけっぱなしにしていると、いろいろな情報をかぎとる際の障害となります。ペロペロとなめて手の汚れをとりましょう。自分の唾液がつくので、食べもののにおいから自分のにおいに変化させることもできますよ。

飼い主さんへ

わたしたちはとってもきれい好きな動物です。食事のあとのほかにも、毛づくろいをする前に手をなめる子もいますよ。器用な子は、足もペロペロなめちゃいます！　ハムスターは人と比べて体がやわらかいんですよ。

毛づくろいするぞ〜！

#しぐさ　#手をモミモミ

ちょっと待って！手をきれいにしましたか？

いきなり毛づくろいをはじめようとしているそこのあなた、ちょっと待ってください！　自分の手のチェックをしましたか？　床材やごはんで汚れていますね。そのまま毛づくろいをしたら、その汚れが体じゅうについてしまいますよ。

毛づくろいの前に、きちんと準備をしましょう。まずは両手をこすり合わせて、汚れをていねいに落としてくださいね。手がきれいになったら、体のお手入れをしましょう。

飼い主さんへ　両手をもむ姿、なんだか人間の「ごますり」のようで、笑っちゃいますよね。手をこすり合わせる以外にも、手をなめて汚れをとる子もいます。きれい好きなわたしたちは、毛づくろい前の準備も欠かさないんです。

おなかをかきたい

#しぐさ　#おなかをカキカキ

発情期の予感❤

女の子のみなさん。おなかのあたりをカキカキする回数が増えたら、発情期がはじまったのかもしれません。発情期になると、臭腺から出る分泌液が増え、臭腺のまわりが濡れてしまいます。それが気になって、臭腺のまわりの毛づくろいをいつもより頻繁に行うようになるのです。

臭腺から出る分泌液には、性フェロモンが含まれています。性フェロモンをフワ〜ッとまわりに散らして、男の子を惹《ひ》きつけるんですよ❤

飼い主さんへ　四六時中おなかをかいている、またはかいているところに軽い脱毛や湿疹がみられる場合は、アレルギー性皮膚炎の可能性が。病院へ連れていってください。ちなみに、オスが発情期に入ると睾丸《こうがん》がパンパンに腫れるので、一目で発情しているとわかりますよ。

背中をなでられると、しっぽが立つ

#しぐさ　#しっぽが立つ

交尾の姿勢です

あなたの疑問は、「飼い主の指で背中をなでられると、しっぽが立ってしまう」ということですね。それはきっと、飼い主の指をオスと勘違いしたせいです。

ハムスターは交尾をする際、オスがメスの背中にのっかる体勢をとります。そのとき、メスは背中を反らせてしっぽをピンと上げ、オスを受け入れる姿勢になるのです。

生理的な反応なので、恥ずかしがらなくて大丈夫ですよ。

飼い主さんへ　交尾と勘違いした場合以外にも、寝起きに体を伸ばしたついでに、しっぽをピンと立たせることがあります。しっぽが立つこと自体に、悪い意味はありません。そうそう、しっぽはとても敏感なので、けっしてさわらないでくださいね。

寝起き、体が震える

#しぐさ　#寝起きブルブル

体をあたためて活動をスタートします！

眠りから覚めたとき、体がブルブルッと震えますよね。どうして震えるのかというと、体をあたためるため。体を震わせることで体温が上がり、体全体が目覚めます。また、寝起きのストレッチも欠かせません。寝ている間に体が縮こまっているので、手足を前後にピーンと伸ばすとよいですね。

すてきな1日にするには、スタートが肝心。目が覚めたら体をあたためて凝《こ》りをほぐし、今日も1日元気に過ごしましょう！

飼い主さんへ 寝起きに、わたしたちも人間のあくびのように大きな口を開けて伸びをすることがあります。眠っている間に酸素が足りなくなり、そのぶんの酸素を吸いこんでいるのです。体を伸ばして大あくびだなんて、飼い主そっくりでしょう？

Column

体をあたためる褐色脂肪体

「褐色脂肪体」とは、体をあたためる細胞のこと。ほ乳類ならみんなもっています。われわれハムスターは、首の後ろあたりなどにありますよ。

この細胞は自然に発熱するのですが、もし体温が下がって冬眠に入りそうな子がいたら、首の後ろあたりを軽く震わせて刺激を与え、体全体をあたためてあげてください。冬眠に入るのを防ぐことができます。

褐色脂肪体は、脂肪分解に役立つ細胞です。脂肪を分解するときに熱が生じるというしくみ。クマやヤマネのような冬眠をするほ乳類は、とくに発達しているのです。褐色脂肪体がうまく機能しないと、体温が上がらず、冬眠から目覚められないんですよ……。

ここも掘れる……はず！

#しぐさ　#掘る

こらこら、そこは土じゃありません

野生のハムスターは、地面に穴を掘って生活しています。生きるために、どんどんどん掘って自分の巣穴をつくらなければならないのです。

その本能がわたしたちにも残っているようで、地面があるとつい掘ってしまうんですよね。床材をひたすら掘り起こして、ケージの底にたどりついても、「まだまだ掘れる！」と掘っちゃうの、わかります。やめようと思ってやめられるものではないので、これからも掘り続けていきましょう！

飼い主さんへ

「飽きずによく掘り続けるな～」とあきれる飼い主がいますが、飽きるとかいう問題ではないのです。ひたすら掘る、それがわれわれハムスターの本能。延々掘り続けていたとしても、心配は無用です。止めに入らないでくださいね。

ごはん、巣材、なんでもつめるよ♪

#しぐさ　#ほお袋につめる

ほお袋は使い勝手バツグン！

ほお袋って、いろいろな使い方があります。まずはごはんをつめて食糧貯蔵庫まで運ぶこと。ほかにも、巣材となるものをつめて、巣箱まで運んだりもしますよ。ふたつが合わさって、ごはんと巣材をいっしょにつめちゃうこともあります。

先日、わたしがほお袋から巣材を吐き出したら、飼い主が「ぎゃあ！」と悲鳴をあげたんです。なにかと思ったら、巣材の中にわたしのウンチが。偶然まぎれこんだだけなので、気にしなくていいのに。

飼い主さんへ　ハムスターはなんでもほお袋に入れると思っていただいてよいです。だから、口に入れると危険なものはハムスターのまわりに置かないでください。123ページを熟読いただいて、床材にもこだわってくださいね。

ひとやすみ

ほっぺたに幸せ

だいぼうけん！

3章

ハムの生活

なにげない習慣にも、
先祖の暮らし方が色濃く反映されています。

正しいあいさつを教えて！

＃生活　＃鼻をくっつける

鼻をくっつけて友好の意思表示を♥

仲間どうしで大切なのは、「わたしはあなたのことが大好きですよ♥」と伝えること。そうすることで、信頼関係を築けると思うんですよ。

まずは仲間と向かい合いましょう。そしてどんどん近づきます。警戒する相手にはけっして自分から近づきませんから、この時点でかなり好印象をもっていることを伝えられるはず。さらに鼻がくっつくくらい近づいて！　口のまわりをクンクンとかぎ合えれば、りっぱな仲間どうしのあいさつです。

飼い主さんへ　鼻をくっつけているようす、ネコなどほかの動物でも見かけますよね。これ、鼻と鼻でキスをしているわけではなく、おたがいのにおいをかぎ合っているんです。「あ、キャベツ食べたな」なんて、食事の内容までわかっちゃうんですよ。

あの子のこと、どう覚えれば……

#生活　#相手のにおいをかぐ

その子だけのにおいがありますよ

わたしたちは視力がよくないので、顔を見て覚えることはむずかしいです。でも、なにかの縁で出会えた相手。忘れたくない相手のことは、嗅覚をフル活用して覚えましょう。

わたしたちの体にある臭腺からは、においのついた分泌液が出ます。ひとりひとりにおいが違うので、そのにおいを覚えていれば、次に会ったときに「このにおい、どこかでかいだことが……。あ、あの子だ！」とわかるはずです。

飼い主さんへ 視力が弱いぶん、わたしたちはにおいで物事を区別・判断します。まあ、しばらくするとにおいも忘れちゃいますが。だからケンカした相手とも、においを忘れたころに再会すれば、印象がリセット。またゼロから仲よくなれる可能性がありますよ！

どうぞ運んでください

#生活　#首の後ろをくわえる

首の後ろをくわえてもらいましょう

あらあら、かわいらしい赤ちゃんですね。気づかないうちに、お母さんのそばから離れてしまったのかな？　安心してください、お母さんが迎えにきましたよ。あなたの首の後ろをくわえて、巣箱まで運んでもらいましょう。実はわれわれには、ここをくわえられると静かになるという本能があります。

おとなになってからも、飼い主に首を持たれるとおとなしくなってしまう、という話をよく聞きます。お母さんに運ばれていた赤ちゃん時代の名残ですね。

飼い主さんへ　昔は母ハムにくわえられていたからといって、だれもかれもが身を委《ゆだ》ねるわけではありません。なかには、敵に捕まったと勘違いして暴れる子もいます。もちろん、首の後ろを強くつまんだり、乱暴に移動させたりなんてことはしないでください。

仲間がじゃまで通れません

#生活　#仲間を踏む

踏んで乗り越えましょう

みんなせまいところが好きですよね。せまいところを見つけると、すっぽりおさまっちゃいます。そのまま寝てしまうことも多々あります。いくらせまいところをすり抜けるのが得意なわれわれでも、すでにひとりがぎゅうぎゅうにおさまっているスペースをすり抜けるのは至難のわざです。

そんなときは、遠慮せずに仲間を踏みましょう。同じケージで暮らしているほど仲のよい相手（29ページ）なら、上に乗ったくらいで怒ったりしませんよ。

飼い主さんへ　人間どうしだと、体の上を歩かれるなんて、かなりの負担を感じますよね。しかし、ハムスターはそもそも体重が軽いのでそこまで負担にはなりません。体が小さいロボロフスキーは、重なりながら眠ることもありますよ。

夜って動きたくなる〜!

＃生活　＃夜行性

夜こそわれわれの活動時間

夕方に起きて、夜に活動し、明け方に眠る。これがわたしたちの基本的な生活スタイルです。昼に活動する飼い主とは、ちょっぴりすれ違いの生活ですね。

われわれの先祖たちは、野生では夜になるとごはんを探しに行き、明け方に巣に戻って眠るという生活をしていました。その名残で、わたしたち飼いハムも夜になると活発になるんです。

わたしたちの野生での暮らしぶりについてもっと知りたい方は、164ページをチェック!

飼い主さんへ

「寝ている間に掃除をしちゃお♪」という飼い主へ。どれだけ静かにしようとしても、音やにおいに敏感なわたしたちはすぐに目を覚まします。ストレスになるので、お世話をする時間はわたしたちの生活リズムに合わせてくださいね。

Column

飼いハムの1日

飼い主とは正反対の時間で生活を送るわたしたち。飼いハムの、基本的な1日の過ごし方をみてみましょう。

夕方

だいたい18時を過ぎると、パッチリ目が覚めて動きはじめます。飼い主がわたしたちの起床に合わせて、新しいごはんの補充や、ケージの掃除などのお世話をしてくれますよ。

夜中

わたしたちが一番活動的なのは、飼い主が眠りにつくころ。ごはんを食べたり、思う存分、回し車で走ったり好きに過ごしましょう。明け方近くに就寝します。

昼間

太陽が出ている昼間の時間帯は、ほとんど眠っています。でもときどき起きて食事をとったり、トイレをしたり、ちょっとした行動はしていますよ。

寝すぎでしょうか？

＃生活　＃睡眠時間

1日の睡眠時間は平均14時間半です

自分がなまけものだと思っていますか？　それは勘違い。長時間睡眠は生きるために必要な行動ですよ。動くとエネルギーを使いますよね。するとおなかがすきますし、おなかがすいたらごはんを食べなければなりません。でも、ごはんは大切ですし、できるだけ節約したい……。そのためには、むだな動きを極力減らすこと。必要なとき以外は眠ることで、エネルギーを温存するんです。宿敵といわれるネコだって、なるべく眠ることで、省エネに努めているんですよ。

飼い主さんへ　わたしたちは短い眠りをくり返します。ゴールデンならひと眠りが約11分半。浅い眠りを経て深い眠りに入り、目覚める直前までで1サイクル。そこからまた11分半の眠りに入るのです。これを1日に75回ほどくり返し、トータル14時間半ということです。

砂浴び、最高！

#生活 #砂浴び

ジタバタと動いて体全体に砂をつけましょう♪

あなたも砂浴びをする派ですか？ わたしも砂浴びが大好き！ わたしたちは砂を使って体についた皮脂や害虫などの汚れを落とす習性があります。人間でいうお風呂のようなものですね。

わたしの飼い主、その習性を知って、気を利かせて砂浴び場をつくってくれたんですが……。申し訳ないことに、わたしはトイレでの砂浴びがやめられません。思う存分砂浴びができれば、場所はどこでもいいんですよ。

飼い主さんへ 飼い主さんは市販されているトイレ用の砂か、砂浴び専用の砂を用意してください。トイレ用の砂を使って砂浴びしていても問題ありません。ただし、道端や公園にある砂をとってきて、砂浴び用にするのはやめてくださいね。不衛生です！

ふたり暮らしはできる？

#生活　#ハムとの同居

なわばり意識が強いのでむずかしいと思いますよ

赤ちゃんのころは、お母さんときょうだいたちと過ごしていましたよね。なのに、なぜなわばり意識が生まれると強制的にひとり暮らしなのか、疑問ですか？では、想像してみてください。あなたのなわばり（＝ケージ）に、だれかがいることを。そいつはなわばりをねらっているはず……。あっという間に、なわばりをめぐるケンカに発展しますよ。

必ず起こるであろうケンカを防ぐために、ひとり暮らしをおすすめしています。

飼い主さんへ　きょうだいたちといっしょに暮らせるのは、なわばり意識が芽生えるまで。どうしても1つのケージで複数のハムスターを飼いたい場合は、ロボロフスキーを選んでください。彼らは臆病なので、集団でいたほうが安心なのです。

ほかの動物がこわい

＃生活　＃天敵との同居

離れて暮らしましょう

イヌやネコ、フクロウなど、野生ではわれわれの敵である動物を、人間はペットとして飼っています。いくらここが野生でないとはいえ、本能的にあなたを襲う可能性は十分にあります。それに、そんな敵（になる可能性がある動物）が身近にいれば、わたしたちだって本能的に警戒してしまいます。四六時中緊張するなんて、ものすごく疲れちゃう……。

飼い主に頼んで、別の部屋にしてもらうなど、事故が起きないように策を立ててもらいましょう。

飼い主さんへ　基本的に、ハムスターを捕食する可能性がある動物との同居はやめてください。どうしても同居させる場合は、別室にするなどハムスターと生活空間を分ける必要があります。器用な動物なら、簡単にケージを開けることができるからです。

ごはん、ここにためておくの〜

＃生活　＃ごはんを隠す

そこにためておけば いつでも食べられますね♪

わたしたちはとっても片づけじょうず。食べものを散らかすなんてことは絶対にしません。「ここにごはんを置く！」と決めたら、ずっとそこに置いておきます。場所が決まっていれば、いざ食べるときも迷わなくてよいですよね。

野生で暮らすときは、巣の中に食べものを貯蔵する部屋、トイレの部屋など、用途に合わせた部屋を掘ってつくるんですよ。飼いハムのなかでは、ケージのすみっこや巣箱の中につくる子が多いようです。

飼い主さんへ 食べものをためる行為自体は、習性なので気にしなくて大丈夫です。気をつけたいのは、ためているものが腐っていないかどうか。ためるだけためて、結局食べない子もたくさんいます。食べものが腐りやすい夏場は要注意です。

食欲の秋だーーーっ！

#生活　#食欲アップ

食べものがとれなくなる冬に備えています

人間たちが「食欲の秋」なんてよく言いますが、われわれにとってもそれは同じ。秋ってなんだかおなかがすいて、いつもよりたくさん食べちゃいますよね。
これは、冬に向けての食糧対策。野生では、冬になると食べものの量がグンと減り、ハムスターは冬眠に入ります。秋の間に本能的に蓄えるだけ蓄えようとするのです。飼いハムも気温の低下から冬眠準備のスイッチが入り、秋は食欲が旺盛になるのでしょうね。どんどん食べましょう！

飼い主さんへ　暑い夏に食欲が落ちて、その反動で食事量が増えすぎることもあります。野生で暮らしていないため、環境の変化は飼い主が握っているはず。夏バテや冬に向けての焦りを起こさないよう、一定の温度環境を保ってください。

ぼくって草食？

＃生活　＃食性

わたしたちは雑食です

ふだんの食事のラインナップを見てみましょう。総合栄養食品とよばれるペレット、ひまわりのタネなどの種子類、エン麦などの穀類、キャベツなどの野菜。一見すると、草食動物のような食事ですね。

しかし、われわれはなんと雑食タイプ！　野生では、植物だけでなく、甲虫の幼虫などを食べることもありますよ。部屋をパトロール中に、偶然見つけた虫を食べていたら、飼い主がびっくりしていたというエピソードもよく聞きます。

飼い主さんへ　ハムスターが雑食ということ、あまり知られていないようですね。もちろん、無理に幼虫（ミルワーム）などを与える必要はありませんよ。それに、散歩中に虫を食べないかも注意が必要。雑菌をもつ虫もいますし、おなかをこわす可能性があります。

Column

危険な食べもの

雑食とはいえ、なにを食べてもＯＫというわけではありません。うっかり口にすると、中毒症状を起こすなど命に関わる事態に発展するものがたくさんあります。下で挙げたものはごく一部。飼い主には、確実に安全なものだけを出してもらいましょう。

野草

ポトス
チューリップ
ゴムの木
アサガオ

野菜・果物

タマネギ
サクランボ
アボカド
ジャガイモ
トマト
カキ

人の食べもの

クッキー
チョコレート
コーヒー
アルコール
ごはん
牛乳

ふむふむ。植物でも食べちゃダメなものがあるんだね。ぼくの飼い主は、観葉植物ってやつを部屋に置いているけど、あれって食べていいんだよね？　……え、中毒症状を起こすものかもしれない!?　部屋をパトロール中に、食べものと思って口に入れてしまうじゃないか！　こわすぎるから、全部片づけてもらわなきゃな……。

ごはん食べたくない……

＃生活　＃食欲不振

グルメになりましたか？　それとも体調不良？

ごはんに手をつけないなんて、めずらしいですね。

考えられる理由は2つ！

その1・食べものを選《え》り好みするようになったこと。

一度食べたあのドライフルーツの味が忘れられなくて、ハンガーストライキに入ったわけですか。飼い主はそんなに甘くありませんよ。あきらめて、出されたごはんを食べてください。

その2・体調不良。大好物でさえ食べられないなら大問題です。飼い主に訴えかけましょう。

飼い主さんへ　同じ食べものでも飽きることはありません。ただのわがままならよいのですが、こわいのは体調不良のとき。ごはん皿に入れたものが減っていても、隠しただけで食べていない可能性があります。食糧貯蔵庫のチェックも欠かさずに行いましょう。

ドア、開いちゃった

#生活 #ドアを開ける

手が器用なんです

わたしたちの手には4本の指がついています。とても器用に動かすことができるんですよ! ケージの扉を開けるなんて、朝飯前です。金網の隙間から手を出して、扉の外側にかけられているフックを外してしまう子もいますよ。

指を使う以外にも、前歯だって万能です。扉が引き戸タイプなら、ほんの隙間に歯を引っかけて開けることができますしね。体が小さいからって、甘く見られちゃ困りますよ〜。

飼い主さんへ 手や歯を使わずに、シンプルに金網の隙間から出ていく仲間もいますよ。わたしたちって見た目はふっくらしていますが、意外と平たくなってせまい場所を通ることができるんです。金網のケージを選ぶときは、柵の幅が体形に合っているか注意してください。

引っ越し、憂うつです

#生活　#引っ越し

オスって環境の変化に弱いんですよね〜

おやおや。引っ越して5日ほど経っているのに、まだなじめずにソワソワしているようですね。メスに比べて、オスは新しい環境になじむことが苦手です。なわばり意識がとても強いオスは、慣れた場所では「ここはおれのなわばりだー!!」といつもケンカ腰でいるじゃないですか。ところが、新しい場所に来たとたん、「え……。ここはどこですか……。だれかのなわばりでしょうか。ぼくはなにも知りません」と腰を低くしてビクビクしちゃうんですよ。

飼い主さんへ

「ショップでは元気いっぱいだったのに、家に連れてきたとたん元気がなくなった」という話はよく聞きます。新しい環境に緊張しているので、慣れるのを待つしかありません。お迎え後のじょうずな接し方は103ページで詳しく紹介しています。

耳の手入れをしたいの

#生活　#耳をかく

足を使いましょう

耳まわりのお手入れには、足がうってつけ。体がやわらかいので、足が耳に楽々届きますよ。耳のまわりをかいたり、耳アカをとったりして、お手入れをしましょう。

そうそう！　お手入れの前には、足がきれいか確認することも大切です。なめて汚れをとりましょう。爪が伸びていると耳の中を傷つける危険がありますが、自然とちょうどよい長さに減っている(114ページ)はずなので、基本的に爪のお手入れの心配はいりません。

飼い主さんへ

わたしたちって体がやわらかいので、余裕で足が耳まで届きますよ。耳をかく行為はお手入れのひとつですが、一日じゅう耳をかゆがっているときは、外耳炎や内耳炎などの病気にかかっている可能性があります。

オシッコはここでする！

#生活　#トイレの場所

オシッコをしたいところがあなたのトイレです

野生で暮らしていたときは、自分で地中に穴を掘って「ここが寝床」「ここが食糧貯蔵庫」「ここがトイレ！」と部屋をつくっていました。

飼いハムの場合、飼い主がトイレを置いてくれますが、無理にそこでする必要はありません。あなたがオシッコをしようと決めた場所が、あなたのトイレ。ハムスターはきれい好きなので、巣箱やごはん皿から遠い場所をトイレに選ぶ子が多いですね。もちろん、オシッコの場所を決めていない子だっていますよ。

飼い主さんへ トイレは使ってくれないけど、いつも決まった場所でオシッコをするなら、その場所にトイレを置けば使ってくれるかも。オシッコのにおいがついた床材などをトイレ砂に混ぜておけば、「ここがトイレか！」と気がつきやすいようですよ。

ウンチはトイレでしなきゃダメ？

#生活　#トイレの場所

自由にどこでしてもOK

基本、オシッコは決まった場所にしますが、ウンチはポロポロとどこでも自由にする子が多いようです。わたしたちのウンチを見てもらえればわかりますが、しっかり乾燥していますよね。ほとんどにおいもしませんし。仮に寝床でポロッとしてしまっても、オシッコと違ってそこまで汚れるわけではないので、気にならないんですよ。野生で暮らしているハムスターたちも、オシッコの部屋はつくっても、ウンチの部屋はつくりません。

飼い主さんへ ウンチといえど、下痢は問題です！水っぽいウンチをしていたり、おしりからしっぽにかけて濡れたように汚れている場合は下痢を疑いましょう。下痢は脱水症状を起こすなど命に関わるので、見つけたらすぐに動物病院へ。

出産にぴったりの時期って？

#生活　#出産時期

春前と秋前がベストです

一年じゅう繁殖は可能ですが、出産は命がけのイベント。なるべく体に負担がかからない時期を選ぶのがよいでしょう。

おすすめなのは、春前と秋前。だんだんと過ごしやすい気候になりますし、野生なら春には草が生え、秋には木の実がなります。食べものも安定して手に入る見込みがあります。妊娠期間（ゴールデンなら約15日、ジャンガリアンなどドワーフ種なら約17日）と出産後を、落ち着いて過ごせるベストタイミングですよ。

飼い主さんへ　小さな体のハムスターにとって、出産は命がけ。出産前はかなりナーバスになるので、落ち着ける空間をつくり、お世話も食事の交換など最小限にとどめましょう。出産の手助けもいりません。子育ても母ハムに任せてくださいね。

Column

出産前チェックリスト

子どもをもちたいと考えているあなた。出産するにあたって、必要な条件を満たしているか確認しましょう!

□ 親になれる月齢ですか?

基本的にゴールデンなら生後2か月、ドワーフなら生後2か月半から繁殖が可能です。ただし、1歳6か月以上のシニアさんは、負担が大きすぎるので避けましょう。

□ 体は丈夫ですか?

出産はかなりのエネルギーを使うので、健康であることはマスト。太りすぎ（159ページ）、やせすぎな子もＮＧです。

□ 食事の用意は十分ですか?

妊娠時期は煮干しやチーズなど高タンパク・高カロリーの食事をとって、出産に向けての体力をつくります。まあ、飼い主が用意するので、食事の心配はいりませんね。

□ 環境は整っていますか?

一度に10匹弱くらい生まれ（169ページ）、巣箱の中で子育てをするので、大きいサイズの巣箱と、巣づくり用のたくさんの床材が必要です。子育て中はケージを布で覆ってもらうと、視界による余計なストレスが遮断されるのでおすすめ。これらも飼い主が用意してくれますが、一応あなたも知っておきましょうね。

右ページで出産時期の話が出ていたけど、あれは季節がある地域に限ったことね。一年を通して気温が一定で、環境の変化も少ない場所（たとえば、しっかり温度管理されたケージ内♥）なら、時期を気にする必要はないのよ。

産後、イライラする

＃生活　＃イライラママ

子どもを守りたい気持ちの表れです

10匹近くもの赤ちゃんを育てるのって、ものすごく大変ですよね。神経質になるのも仕方ありません。かといって、だれかの手を借りたいわけではありませんよね。万が一だれかが赤ちゃんにふれてしまうと、赤ちゃんのにおいが変わってしまい、自分の赤ちゃんかどうか判別できなくなります。飼い主には、食事の用意と最低限の掃除だけお願いしましょう。そして、赤ちゃんが離乳をするまでの約3週間、なんとか乗り切りましょう！

飼い主さんへ　離乳をする生後3週間までは、絶対に赤ちゃんにさわらないでください。別のにおいがついてしまうと、母ハムが赤ちゃんをかみ殺してしまう場合があります。掃除も毎日ではなく、どうしても汚れてしまった場合だけに限りましょう。

せまい場所が好き♥

#生活　#せまい場所フェチ

暗くてせまいところ、最高！

ほとんど光が入らなくて、自分の体がギリギリおさまるくらいのせまい場所。想像しただけで落ち着きませんか？　どんな種類の子も、せまい場所は大好きなはずです！

わたしたちの先祖は、地面に穴を掘り巣穴をつくって生活をしていました。巣穴ってかなり暗いですし、スペースもかなりせまいです。その名残がわたしたちにもあって、今でも巣穴に似た場所では落ち着いて、まったりしてしまうんですよ。

飼い主さんへ　いくらわたしたちがせまい場所が好きだからって、体に対してあまりに小さすぎるサイズの巣箱はやめてくださいね。多少広くても、自分で巣材を持ってきてスペースを埋めて、ほどよいせまさに調節するので心配ご無用です。

すみっこは落ち着くなあ

#生活　#すみっこフェチ

背後に敵がいない安心感、すてき!

ケージの中でリラックスできる場所はどこかと聞くと、「ケージのすみ」と答える仲間がけっこう多いんですよ。わたしもそのひとりです。

わたしたちの感情は、「安全か危険か」に左右されます。ケージの壁、しかもすみに背中をぴったりくっつければ、後ろ・左・右から敵に襲われる可能性はゼロです。「敵がこない＝安全」ということで、かなりリラックスできるんですよ。警戒するのが正面の方向だけでいいって、うれしいですよね!

飼い主さんへ　ケージの壁に寄りかかっていると、背中のあたりを「コンコン」とたたく人がいます。そんなことをされると大パニックです。背後からだれも来ないと思っていたのに……。ケージのすみが警戒するべき場所になるので、余計な行動は控えてください。

トンネルくぐるの大好き〜♪

＃生活　＃トンネルフェチ

地中ではトンネルを移動する生活でしたよ

飼いハムのための遊び道具として、トンネルを選ぶ飼い主が多いようです。はじめて見たときは警戒する子もいるかもしれませんが、トンネルぎらいな子なんてまずいないでしょう！

わたしたちがせまい場所を好きという話は何度もしましたが、トンネルもそのなかのひとつ。野生では、地面に掘った巣穴に行くまでに、トンネルを通って移動していました。その習性もあり、筒状のものを見ると思わずくぐってしまうんでしょうね。

飼い主さんへ 市販されているトンネルをわざわざ購入しなくても、トイレットペーパーの芯や円柱形のお菓子の空き箱などで代用できますよ。1つだけでもよいですし、複数つなげて長〜いトンネルにしても楽しいですね！　ぜひ飼いハムのためにつくってみてください♪

今日はここで寝ようっと

＃生活　＃寝場所

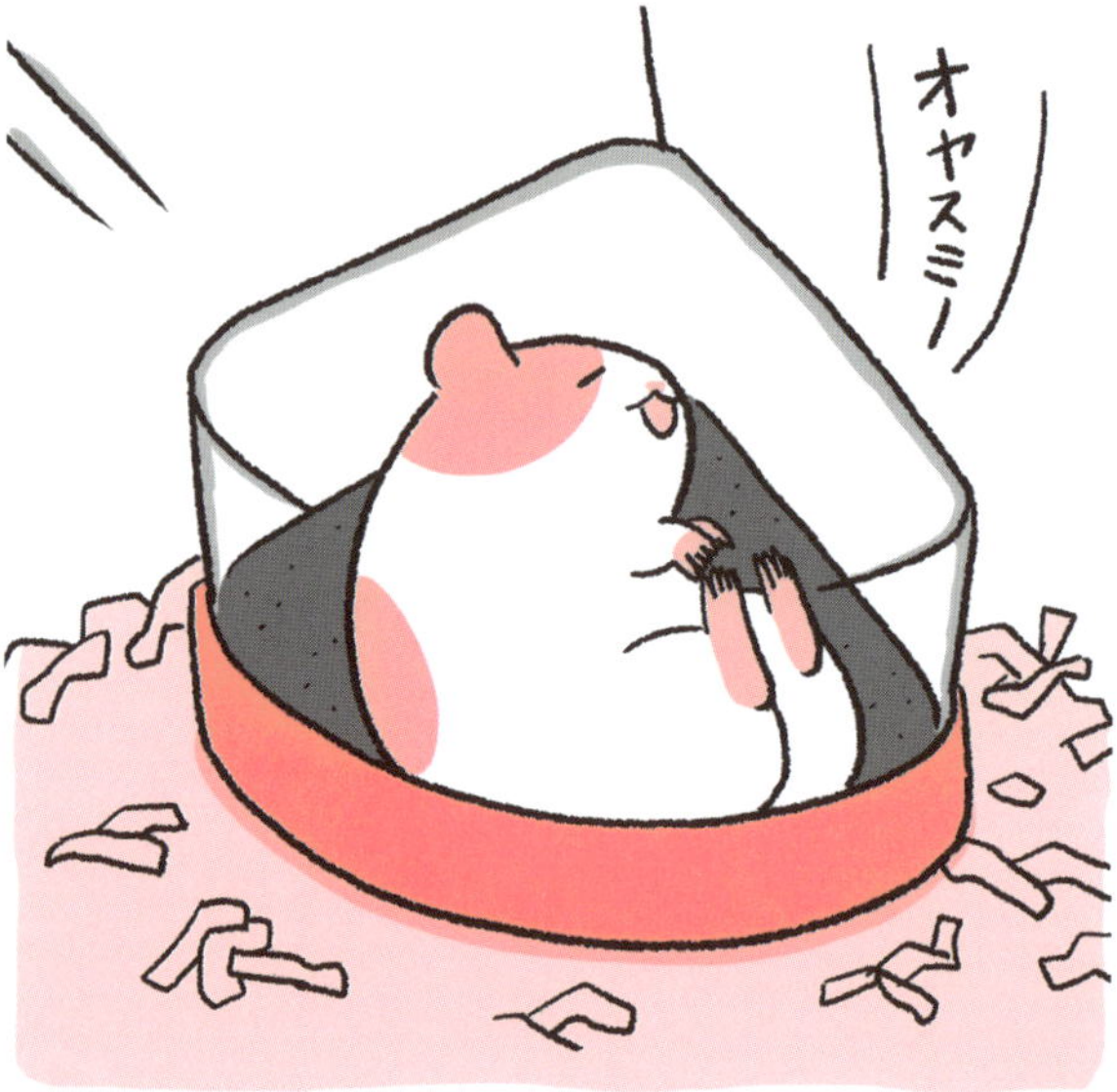

一番快適な場所で寝ましょう

飼い主は、わたしたちが眠る場所として巣箱を置いてくれています。しかし、絶対そこで睡眠をとらなければならない、という決まりはありませんよ。

わたしの場合、その日の気分によって寝る場所を決めています。回し車の裏だったり、床材に埋もれてみたり。ときどき、飼い主が置いてくれたトイレの中で眠っちゃうんですよ。トイレ砂で砂浴び（77ページ）をして、気持ちよくなったところで、そのまま眠りにつく……最高の眠りじゃないですか！

飼い主さんへ　せっかく用意した巣箱で眠ってくれないと、なんだかさびしくなる気持ちもわかります。ですが、巣箱以外で眠れるということは、今いる環境に安心しているということです。警戒しているところでは、むやみに外で眠ったりできませんからね。

回し車、どれだけでも走れるよ！

#生活　#回し車で走り続ける

野生のハムスターは毎晩5キロくらい走り続けます

野生のハムスターは、ごはんを手に入れるため、毎晩3〜8キロ走り続けます。生きている環境は違えども、わたしたちだって同じくらいの運動能力をもっていますよ。しかし、ケージの中ではそんなに走りまわるスペースがないですよね……。

そんなときに役に立つのが回し車！　どれだけ走っても、壁にぶつかることはありません。ある程度走ったら、ストップしてまわりを見わたして「どこまで来たかな？」と確認してみましょう。

飼い主さんへ　回し車にカウンターをつけると、走った距離がわかっておもしろいですよ。回転数×回し車の外周で、毎日距離を記録してもよいですね。いつも100回転くらいだったのが、急に1000回転に増えたりしたら「どこか遠出したのかな？」と思ってください。

○か×で答えよう

ハム学テスト －前編－

どれだけハム学が身についたか、○×テストでチェックします。

まずは、1～3章を振り返りましょう。

第1問	イライラしたときは「ジジッ」と声がもれてしまう。	[　]	→ 答え・解説 P.17
第2問	仲よくなりたい子には、思いきり**強くかみつく**べし。	[　]	→ 答え・解説 P.27
第3問	耳をパタンとたたむのは、ものすごく**警戒**しているとき。	[　]	→ 答え・解説 P.51
第4問	毛づくろいの前には、手を**きれいにする**ことが鉄則。	[　]	→ 答え・解説 P.61
第5問	わたしたちは**草食**だ。	[　]	→ 答え・解説 P.82
第6問	ストレスを感じたときは、**毛づくろい**をすると落ち着く。	[　]	→ 答え・解説 P.34
第7問	お見合いをするときは、**オス**がメスのケージに入る。	[　]	→ 答え・解説 P.24
第8問	1日のうち、**昼間**が一番元気に動く。	[　]	→ 答え・解説 P.74

第9問	仲間を**踏んづけて**歩いてもよい。	[　　]	→ 答え・解説 P.73
第10問	怒ると、耳が**後ろ**に反った状態になる。	[　　]	→ 答え・解説 P.36
第11問	必死に逃げるときも、ほお袋の中の**ごはん**を出してはいけない。	[　　]	→ 答え・解説 P.44
第12問	ロボロフスキーはおとなになっても**仲間と暮らす**ことができる。	[　　]	→ 答え・解説 P.78
第13問	**鼻**をくっつけるのは仲間どうしのあいさつ。	[　　]	→ 答え・解説 P.70
第14問	**ウィンク**が苦手。	[　　]	→ 答え・解説 P.55
第15問	ウンチは決まった**トイレ**でするもの。	[　　]	→ 答え・解説 P.89

11〜15問正解

ハムマスター！　この勢いで、後編も高得点を目指しましょう。

6〜10問正解

基礎はばっちりです。もう一度復習しましょう！

0〜5問正解

もっと自分について知るべきです。最初から勉強しましょう。

ひとやすみ

寝てもいいのよ

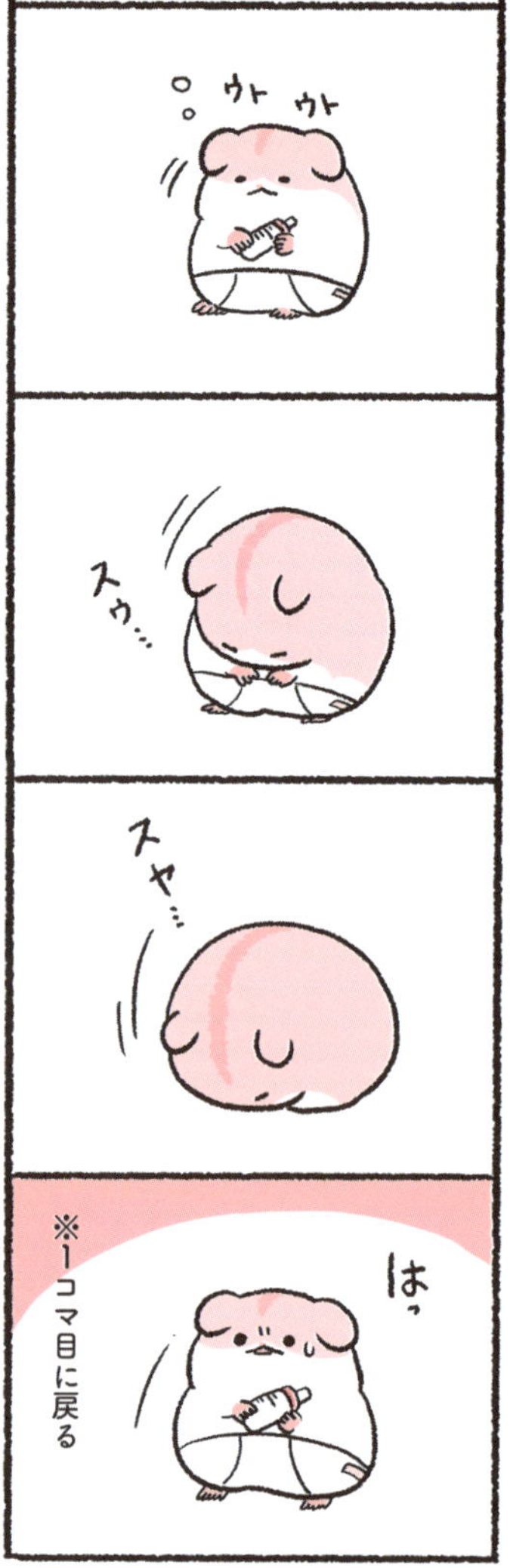

トイレ、ここだっけ？

4章 人との暮らし

飼いハムとしての生活はいかがですか？
ここを読めば、飼い主のことを理解できるかも。

飼い主の視線を感じる

#暮らし　#引っ越し初日

デリカシーのない人ですね！

引っ越し初日、飼い主と過ごすはじめての日ですね。新しい環境に連れてこられて、ただでさえ緊張しているのに……。あなたのことが気になって仕方ない飼い主が、ケージのすぐそばでじっと観察していますね。困ったものです。

飼い主に悪気はありません。あなたが元気にしているか、なにか必要なものはないかと、目を見開いてようすをうかがっているんです。どうしても気になるなら、巣箱の中に隠れてしまってよいですよ。

飼い主さんへ　はじめて飼い主の家に来た日は、本当に緊張しています。これまで暮らしていた場所とは、ケージの中身も外の景色もまるっきり変わるからです。まずは新しい場所に慣れてもらうことが大切。飼いハム自身が慣れるまで、過剰な干渉は禁物です。

Column

引っ越し、最初の1週間

引っ越しってドキドキするもの。これから引っ越す予定の方に、わたしの経験談を教えるわね。

1日目

引っ越し当日はドキドキでいっぱい！　少しでもリラックスできるように、飼い主がショップにいたころと同じ種類のごはん・床材を準備してくれたの。わたしの飼い主は空気を読める人だから、じっと観察したり、さわろうとしたりしなかったな。

2日目

飼い主がごはんと水の交換や、掃除をしてくれたわ。それ以上の関わりはなし。でも、わたしが食事をとっているかの確認はしていたようね。

3～4日目

だんだんと慣れてきたわ。ケージの隙間から飼い主が手わたしでそっとごはんをくれたの。はじめてのスキンシップ！　3日目は警戒して拒否しちゃったけど、4日目はありがたく受けとったわ。

5～6日目

ケージ越しのスキンシップが成功したから、次は直接のスキンシップ。飼い主が手のひらにごはんを乗せてケージに入れてきたから、おそるおそる食べてみたの。おいしかった♥

7日目

もう緊張しないわ！　ここはわたしのなわばりよ!!

巣箱の位置がしっくりこない

#暮らし　#ケージレイアウト

自分好みに移動するべし！

あら……ずいぶんとセンスがない飼い主ですね。巣箱をケージのまんなかに置くなんて、考えられません。いくら自分のなわばりとはいえ、そんな場所は落ち着かないですよね。一番落ち着くのは、ケージの角に面した、奥のすみっこではないでしょうか。自分で動かせる重さなら、グイグイッと押してすみっこに移動させましょう。自分で移動ができなくても、すみっこにグイッと押すしぐさを何度か見せれば、勘のいい飼い主なら移動してくれるはずです。

飼い主さんへ　巣箱はかじっても安全な素材のものを選んで。大きさは、飼いハムが自分で巣材を運びこんで温度調整ができるくらいゆったりしたものがうれしいですね。ケージのレイアウトは、自由に動きまわれるスペースを確保したシンプルな状態が理想です。

変なにおいがする～

#暮らし　#香り

においは違いますが あなたの飼い主です

はじめてかぐにおいですか？　でもそれ、見知らぬ人ではありません。実は、別のにおいをまとった飼い主です。わたしたちは相手のことをにおいで記憶しますが（71ページ）、人間は香水というものをつけて、自分のにおいを変えることがあります。彼らにとってはすてきな香りらしいですが、嗅覚が発達しているわたしたちにとってはかなり刺激が強いにおい。いつもの飼い主だとは到底思えません。アロマやタバコのにおいもかなりきついですよね……。

飼い主さんへ　変なにおいをつけないのはもちろんですが、あるべきにおいを消すのもやめてください！　ときどきケージに消臭スプレーをかける方がいるみたいですが、ひどすぎます。においが消えたら、飼いハムが自分の家だと認識できなくなりますよ。

さて、パトロールの時間だ

#暮らし　#パトロール

決まったルートを歩きましょう

ケージの外にあるなわばりの安全確認をしましょう。自分のにおいがついた道をたどって行けばいいですよ。そこ以外の道は、もしかしたら危険が潜んでいるかもしれません。

おや？　前回通ったときにはなかった障害物がありますね。どうやら飼い主が部屋の模様替えをしたようです。あなたのなわばりを勝手に変えるなんて図々しい人。いつものなわばりが、警戒すべき見知らぬ場所に変わっちゃったじゃないですか！

飼い主さんへ　一度ケージから出して散歩させたら、毎日させる必要があります。飼いハムが一回通った場所は、飼いハムのなわばりです。なわばりを毎日チェックしたいと思うのは当然のこと。当たり前のことができないのは、かなりのストレスになりますよ。

Column

パトロール中の事故 TOP3

歩き慣れたなわばりとはいえ、いつどんな危険に遭遇するかわかりません。パトロール中に起きる事故、1位から3位までを見てみましょう。備えあれば憂いなしです！

1位　誤飲

飼い主の食べこぼしでしょうか。ハムスターにとって害のあるもの（83ページ）が落ちていて、うっかりほお袋につめてしまうケースが多発しています。呼吸困難やけいれんなどの中毒症状を引き起こす、危険な事故です。

2位　骨折

テーブルの上をトコトコ歩いていたら、いきなり道がなくなり、そのまま地面に落下。わたしたちは遠くまでものが見えないので（135ページ）、テーブルの端がわかりません。落下の衝撃で、足を骨折してしまうことも多いですよ。

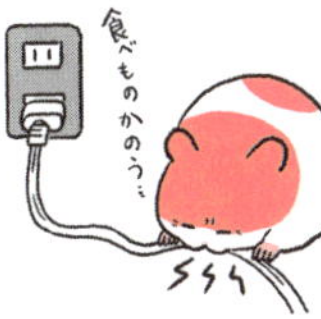

3位　感電

ほとんどの飼い主は、コード類をしまってくれたり、わたしたちが届かない位置にガムテープで貼ったりしてくれていますよね。運の悪いことに、出しっぱなしのコードをかんでしまった仲間は、感電してやけどを負ってしまいました……。

どの事故もわれわれには不可抗力というか、飼い主が未然に防ぐべきものばかりですね。飼いハムのなかには、パトロールのスペースを段ボールで囲んでもらって、危険なものをすべて排除した安全な空間を用意してもらっている子もいます。

ここ、別荘にするの！

#暮らし　#別荘

なわばり内に別荘をつくりましょう

あなたのメインの家はケージです。ほかにもなわばり内に落ち着く場所を見つけたら、第2の家をつくるのはいかがですか？　そこに巣材を持っていき、ほお袋につめていたごはんをためれば、りっぱな別荘のできあがりです。パトロール中の休憩所としても使えますよ。そうやって第3、第4の別荘をつくっていってもよいですね。野生でも同じように、メインの巣穴のほかに別荘をつくって、食糧をためたり休憩所として活用したりしていますよ。

飼い主さんへ　散歩するときに、部屋のすみっこに別荘をつくっていることがあります。別荘をつくる行為自体は問題ありませんが、ためているごはんが腐ってしまったら大変！　不衛生なので、ケージとあわせて別荘の掃除もしてくださいね。

大きい音、心臓止まるかと思った

#暮らし　#騒音

失神することもありますよ

「クシュン！」と飼い主が大きなくしゃみをしたようですね。どんな小さな音でも聞き逃さないわたしたちに、くしゃみの音がどれだけの大きな音として聞こえるか、人間はわかっていません。とはいえ、くしゃみは生理反応なので、許してあげてください。

許せないのは、大きな音で生活している人。ドアをバン！　と閉めたり、ドタバタと歩きまわったり、わたしたちへの配慮が足りなさすぎます。あまりの音の大きさに、驚いて失神する仲間もいますよ。

飼い主さんへ　飼い主がだれかと怒鳴り合いのケンカをするのもダメですよ。小さい子どもがギャーギャー騒ぐのも苦手……。おだやかな人が一番いいです。大声を出しそうになったときは飼いハムのことを思い出して、冷静になれるといいですね。

水はたくさん飲むもの？

#暮らし　#飲水量

野菜で十分です

飼い主って、わざわざコップに水を入れて飲んでいますよね。それを見ると「わたしたちも水をゴクゴク飲まなければ……！」と思うかもしれませんが、その必要はありません。

もちろん水分をとらなくては生きていけません。しかし、わたしたちが食べている野菜には、水分がたっぷり入っています！　もともと乾燥した土地で暮らしていたわたしたちは、そこまで水分をとらなくても大丈夫な体のつくりなのです。

飼い主さんへ　水はそれほど必要ないといっても、給水器には新鮮な水を入れておいてくださいね。硬水のミネラルウォーターは、膀胱結石《ぼうこうけっせき》の原因になるので与えないでください。水入れの水がなかなか減っていなくても、野菜から水分をとっていれば問題なしです。

なめると水が出るの

#暮らし　#給水ボトル

のどがかわいたら なめて水を飲みましょう

棒の先をなめると水が出てくるなんて、不思議なしくみですね。それは給水器というもので、わたしたちが自由に水を飲めるように、飼い主が設置してくれたものです。右ページで説明したように、野菜で水分補給ができますが、それでものどがかわいたときは給水器から水を飲みましょう。

なめても出てこない、またはなめていないのに水滴がポタポタ落ちてくる場合は給水器の故障です。飼い主に直してもらいましょうね。

飼い主さんへ お皿を水入れとして使うのはおすすめできません。体ごと入ってしまったり、倒してケージ内を濡らしてしまったりする可能性があるからです。わたしたちは水が大の苦手なので、必ずボトルタイプの給水器を使いましょう。

ブラッシングは必要？

#暮らし　#ブラッシング

毛が長い子はしてもらうとよいですね

わたしたちは日に何度も毛づくろいをして、きれいな毛をキープしています。でも、長毛種の方は、人の手を借りたほうが楽かもしれません。わたしたち専用のブラシが販売されているので、そのブラシでやさしくなでてもらいましょう。

万が一、飼い主があなたの大事なおなかをブラッシングしようとしたら、「背中まわりだけブラッシングしてくれればいいの！」と拒否してください。理解のない飼い主にはかみついてもOKです。

飼い主さんへ　短毛の子でも、背中など自分で毛づくろいをしづらい部分はブラッシングしてあげると◎。小動物用のブラシや、人間の赤ちゃん用のやわらかい歯ブラシを使ってください。いやがる子には、無理にブラッシングをする必要はありません。

Column

汚れすぎたときの対処法

ふつうに生活しているぶんには、毛づくろいと砂浴びだけで十分に清潔をキープできます。しかし、自分ではどうしようもなく汚れてしまうことがあるかもしれません。

そんなときは、飼い主にきれいにしてもらいます。タオルをお湯で濡らしてかたく絞り、汚れた部分を拭いてもらうだけ。体全体が汚れているときは、やさしく包みこむようにして拭いてもらいましょう。

ぼくが一番汚れたのは、ケージから脱走したとき。部屋のあちこちのすみっこを探検したから、ホコリまみれになっちゃったんだ……。さすがに汚すぎたから、飼い主があたたかいタオルで拭いてくれたよ。

爪切り、したほうがいいかな

#暮らし　#爪の手入れ

わたしたちの爪は日常生活ですり減ります

飼い主は、爪を定期的に爪切りでカットしたり、爪やすりで研いだりして長さを調整していますよね。われわれは、わざわざ爪をカットするという行為はしません。地面を歩く、かたいごはんをつかむ、穴を掘る……という日常生活で、手足の爪は自然とすり減るものだからです。しかし野生とは違って、飼いハムのみなさんは掘るものが地面ではなくやわらかい床材なので、爪を削るには足りないかもしれません。そのときは飼い主にカットしてもらいましょう。

飼い主さんへ 爪の先が内側にカールして伸びていたら伸びすぎの証拠。どこかに引っかかったり、体を引っかいたりしてケガをする危険性があります。血管から少し離れた場所を小動物用の爪切りでカットしましょう。むずかしいときは獣医師に頼むとよいですね。

前歯伸びすぎじゃない？

#暮らし　#前歯の手入れ

飼い主にカットしてもらいましょう

本当だ！　あなたの前歯、内側に弧を描くようにして伸びていますね。それは伸びすぎです。58ページで説明したように、わたしたちの前歯は食事によって自然とすり減るものです。しかし、野生に比べて飼い主がくれるごはんは栄養満点。必然的に食べるごはんの量が減るため、前歯が削られる機会が少なくなります。

伸びすぎるとごはんが食べづらくなりますよ。飼い主に、爪切りでカットしてもらいましょう。

飼い主さんへ　爪と同様に、前歯も爪切りでカットできます。弧を描いている部分をカットしましょう。おそらく飼いハムはこわがって暴れると思うので、軍手をつけて飼いハムを固定し、スピーディーに終わらせてください。自信がない方は、獣医師にお任せを。

飼い主の手がこわい

＃暮らし　＃スキンシップ

無理して慣れる必要はありません

ケージの掃除をしたり、ごはんをくれたり、飼い主の手と遭遇することってたくさんあります。なかには飼い主の手に乗って遊ぶ子もいますよ。飼い主の手からごはんをもらううちに、だんだんと慣れる子が多いですね。

ロボロフスキーはとくに臆病なので、ほぼ全員が手をこわがります。飼い主もそれをわかってお迎えしているので、慣れる必要はありません。手がケージ内にやってきたら、巣箱に身を隠しましょう。

飼い主さんへ　飼いハムを手の上で遊ばせるときは、目を離さないようにしてください。指の隙間から逃げ出そうとしたり、腕を登ろうとしたり、ちょこまかと動きまわるので。また、手の上でおもらしするのは緊張している証拠（33ページ）なのでお許しを。

上からつかまないで！

＃暮らし　＃スキンシップ

敵!?……いえ、飼い主です

上からゆっくりと忍び寄る、大きな影……。わたしたちを捕まえて食べようとする敵かと思いきや……、飼い主の手ですね。頭上や背後から近づくものは本能的に敵だと思ってしまうわれわれハムスターの心情を、飼い主は理解していません。むしろ、わたしたちを驚かせないために、よかれと思って背後や上からつかもうとします。そうやって無理やりわたしたちをつかんでしまう飼い主は、もはや敵と同じ。思いきり手にかみついて、攻撃してやりましょう！

飼い主さんへ　ハムスターの上や背後からつかむ行為は、宿敵・フクロウの捕食動作とまったく同じ。さわりたいときは、わたしたちの正面から手を差し出すこと。飼いハムから近づいてきたらさわってOKということです。首の後ろをつかむとき（72ページ）も同様にお願いします。

そこさわらないで

#暮らし　#スキンシップ

背中とおでこ以外はさわってほしくないですね

飼い主は、大好きなあなたにふれられることがうれしくて、いろんなところをなでてしまいがちです。さわっていいのは、背中とおでこ。毛並みに沿ってやさしくなでてもらいましょう。それ以外はダメ!!　しっぽは敏感で、引っ張られでもしたら激痛が走ります。足も軽く引っ張られるだけでケガをしますし、情報をキャッチする重要な耳なんて言わずもがな。飼い主が急所であるおなかをさわってきたら、「キーキー」と鳴いて（18ページ）威かくしてやりましょう。

飼い主さんへ　足やしっぽなど体の一部分を指でつまんで持つことも絶対にやめてください。骨折や脱臼などのケガをしてしまいます。また、さわられることに慣れている子でも、あまりに長い時間のスキンシップはストレスです。

敵!? かんでやる!

#暮らし #かみつく

正当な自己防衛です

敵に立ち向かうよりも、敵に見つからないように生きる道を選ぶのがわれわれハムスター。敵にかみつくのは最終手段です。

おっと、あなたの目の前にやってきたのは、変なにおいがする手ですね。ほかの動物のにおいでしょうか。とにかく、いつもの安全な飼い主のにおいではありません。警戒しているあなたに構わずどんどん近づいて、あなたを捕まえようとしています! やむを得ません、かみついて攻撃しましょう!

飼い主さんへ 手に慣れている子がかみついたときは、においや声のトーンなど、あなたにいつもと違うところがないか確認してみましょう。飼いハムにいらぬ緊張を与えないために、いつも同じ条件で接してくださいね。ただし、軽い甘がみはあなたに甘えている証拠です。

この音、よく聞くなあ

#暮らし　#名前

あなたの名前かもしれません

ごはんのときや遊ぶときに、飼い主が発する決まった音がありますよね？　その音、もしかするとあなたの名前かもしれません。

名前を覚えるといいことがありますよ。わたしの友だちのハムコさんは、「ハムコ」という音に反応するようにしています。「ハムコ」が聞こえたあとは、新しいごはんが出てきたり、ケージの掃除がはじまったりします。名前を覚えることで、飼い主の次の行動がわかるようになったそうですよ。

飼い主さんへ　わたしたちは言葉を音で覚えるので、声の高さやイントネーションが変わってしまうと、同じ言葉だと認識できません。名前を呼びながらごほうびをあげれば、「この音を聞けばいいことがある！」と覚えて、反応するようになるかもしれませんね。

Column

名前を覚えるコツ

飼い主がお世話をするときに発する音に注目してみましょう。「ハムスケ、ごはんだよ」「ハムスケ、掃除をするよ」「ハムスケ、お散歩をしようか」と、たくさんの音の中で共通している音があるはずです。その音があなたの名前なので、覚えてみましょう。名前を呼ばれて反応すれば、飼い主も喜びますよ。

ぼくの飼い主は人間の夫婦で、女の人と男の人で音が違うんだよね。女の人の高い声のほうが聞きとりやすいから、そっちの音で名前を覚えているよ。男の人は「ぼくが名前を呼んでも無視する」と嘆くんだけど。男の人も、女の人の音の高さをまねて呼んでくれたらいいのに。

お留守番できるかな？

＃暮らし　＃留守番

ごはんと水さえあればOK♪

飼い主がお仕事の都合で、2日間留守にするようですね。あなたの生活を支えるために働いているので、あたたかく見送ってあげましょう。

わたしたちは、ごはんと水があれば問題ありません。足りなくなることがないように、飼い主が5日ぶんくらいのたっぷりのごはんと、給水ボトル2本を用意してくれたでしょう？　これだけあればなにも問題ありません。いつも通り過ごしましょう。ごはんが腐る前に、飼い主が帰ってきてくれますよ。

飼い主さんへ　お留守番時には、ごはんはペレットなどの腐りにくいものがよいでしょう。食事のほかに、温度・湿度の調整もお忘れなく。夏場と冬場はとくに注意が必要です。外出するときはエアコンで室内を20～26度の温度、40～60％の湿度に保ってください。

床材が口にくっつきます

#暮らし　#ダメな床材

ティッシュでしょうか？

ほお袋につめた床材を巣箱で出そうと思ったら、口から出てこない……。なんとか口から吐き出せました？　それはティッシュでしょうか。口に入れると唾液がついて、ほお袋の内側にベッタリとくっついてしまうんです。

ティッシュ以外にも、フワフワした綿を床材にしている家もありますが、綿も歯に引っかかってしまうので危険です。飼い主には、口に入れることを考えて床材を選んでもらいたいですね。

飼い主さんへ　綿は足に絡まってケガをしたり、のみこんで胃につまらせたりと非常に危険です。床材は、それ専用に市販されているものから選びましょう。また、冬は暖をとるために、床材を巣材として巣箱に運びこみます。冬は床材を多めに入れてあげるとよいですね。

家から自分のにおいが消えた

＃暮らし　＃掃除

掃除をしたようです

外のパトロールを終えてケージに帰ってきたら、においがすべて消えてしまったのですか？　落ち着いてください。まずはケージ内をパトロールして、自分のにおいを探してみましょう。

ほのかににおいがします？　よかった、そこはあなたのケージです。飼い主が掃除をしたのですね。床材もきれいなものに入れ替えてくれたようです。でもあなたが落ち着くように、新しい床材に前の床材を少しだけ混ぜてくれたんですよ。

飼い主さんへ　自分のにおいがしない＝自分のなわばりではないということ。一番安心できる家からにおいが一切消えてしまうと、そこははじめて訪れた場所に変わってしまいます。また自分のにおいをつけてこの場所に慣れるまで、時間がかかるんです……。

Column

ハム先生のお掃除事情

どのお宅の飼い主も、みなさんの健康のために掃除を欠かしません。わたしの飼い主はなかなかの掃除じょうずだと思うので、わが家の掃除方法を紹介しますね。

毎日の掃除

トイレ砂と床材は、汚れた部分だけをとり除きます。ごはん皿と給水器は、新しいものを入れるタイミングで洗っていますね。巣箱にためたごはんが腐っていないかも、毎日チェックしていますよ。

月1回の大掃除

月に1回はケージを丸洗いする、と決めているようです。わたしを安全な場所に移して、巣箱やおもちゃ、ケージをきれいにしてくれます。床材やトイレ砂も新しく替えてくれますが、前のものを少し混ぜているのがGOOD！

ケージを掃除されるのって、けっこう負担がかかりますよね。飼い主は引っ越してからわたしが慣れるまでの期間と、体調が悪いときは大掃除をしません。ケージの汚れた部分だけを拭き掃除していました。妊娠中や育児中も大掃除は避けたほうがよいですね。

なんだかジメジメしてる……

＃暮らし　＃湿気

梅雨は湿気に要注意

もともと乾燥した砂漠で暮らしていたわたしたちは湿気が苦手。もっとも湿度が高くなる梅雨は、ハムスターにとってジメジメ地獄の季節です。

梅雨には、寄生虫や病原菌が繁殖しないように、飼い主がまめに掃除をしてくれるはず。あなたはためているごはんを出しましょう。すぐ腐るので、今食べないものは処分する必要があります。え？　それはいや？　仕方ありませんね。食糧貯蔵庫の整理も、飼い主に頼むことにしましょう。

飼い主さんへ　一年を通して、ケージ内の湿度は50％前後を保つようにしましょう。ケージ内と外では湿度に差があるので、必ずケージ内に湿度計を設置してください。空気の管理は、エアコンが一番効果的です。タイマーを利用するなどして、じょうずに調節しましょう。

回し車に足が引っかかる！

#暮らし #回し車リメイク

飼い主にリメイクしてもらいましょう

回し車の網の幅が広くて、足が引っかかってしまうことがあります。骨折してしまうこともあるので、そのまま使用し続けるのは危険です。かといって、飼い主に「新しいもの買って！」とおねだりするのも気が引けますよね。

そんなときは、飼い主に回し車をリメイクしてもらいましょう！　回し車の内側と外側に布製のガムテープを貼るだけです。どうです？　走りやすくなったでしょう？

飼い主さんへ 新しいものを購入しなくても、安くリメイクできるのはうれしいですよね。あ、うっかり回し車の内側だけにテープを貼らないように！　反対側にも貼らないと、飼いハムが回し車の外側にふれたときに体がくっついてしまいます。

透明なボール、こわい！

#暮らし　#ハムスターボール

ハムスターボールは恐怖のおもちゃです

透明なプラスチック製のボールの中に入れられてしまったのですか？　それは「ハムスターボール」とよばれる、遊びながら運動不足解消ができるといううたい文句のおもちゃです。しかし、実際はどうでしょう。走っても走っても転がり続け、進む方向もうまくコントロールできず、さらに自分でストップがかけられないなんて……。恐怖以外のなにものでもありません。パニックになるのが当たり前です。

そんなおもちゃに入る必要はまったくありません。

飼い主さんへ　ハムスターボールの中で必死に走りまわっているようすを見て、わたしたちが楽しんでいると勘違いしたり、運動不足解消に使えると思っていたりする飼い主がいます。本当に迷惑な話です。わたしたちは回し車で十分です。

人間ってのんびりだね

#暮らし　#時間の感覚

わたしたちの1日は飼い主の4時間

人間って、動きものっそりしているし、生きるペースがのんびりすぎると思いません？　これは性格的な問題ではなく、心拍数や呼吸数によるもの。

ハムスターの心拍数は、人間の約6倍。つまり、わたしたちは人間の6倍のスピードで生きていることになります。わたしたちが1日過ごしたと感じる時間も、飼い主にとってはたった4時間しか経っていないのです。飼い主のことは気にせず、自分のペースで生きていきましょうね。

飼い主さんへ　体のしくみがそうなのであって、わたしたちが特段せっかちというわけではありません。しかし、飼い主が「ちょっとだけスキンシップしよう♥」と思ってふれ合う時間も、わたしたちにはかなり長い時間ということを覚えておいてください。

ひとやすみ

罪な生きもの

飼い主からのプレゼント

5章

体のヒミツ

小さな体に隠された、たくさんの能力。
全部使いこなさないと、もったいないです!

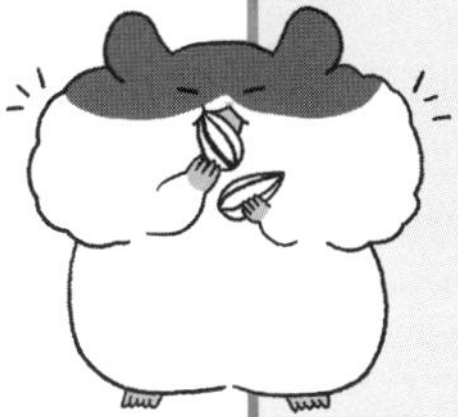

ほお袋にどれだけ入る？

#体　#ほお袋のキャパ

ゴールデンなら ひまわりのタネが約100個！

四次元ポケットのようなわたしたちのほお袋。どれだけつめられるのか気になりますよね？　それでは、どれだけ入るかゴールデンさんに挑戦してもらいましょう。1、2、3……99、100！　なんと、ひまわりのタネを100個つめることができました！　片側に50個ずつギュウギュウにつめこんで……さすがです。ただし、入れすぎには要注意。ほお袋に傷がついたら使えなくなりますよ。限界までつめなくても、必要なぶんだけつめられればそれでよいです。

飼い主さんへ　ほお袋が外側に飛び出してしまう、「ほお袋脱《ぶくろだつ》」はご存じでしょうか。しまい忘れというときもありますが、食べものをつめすぎたことや内側にできた傷が原因の場合も。いずれの場合ももとの位置に戻さなければいけないので、病院へ連れていきましょう。

どれだけ回っても酔わないよ

＃体　＃バランス感覚

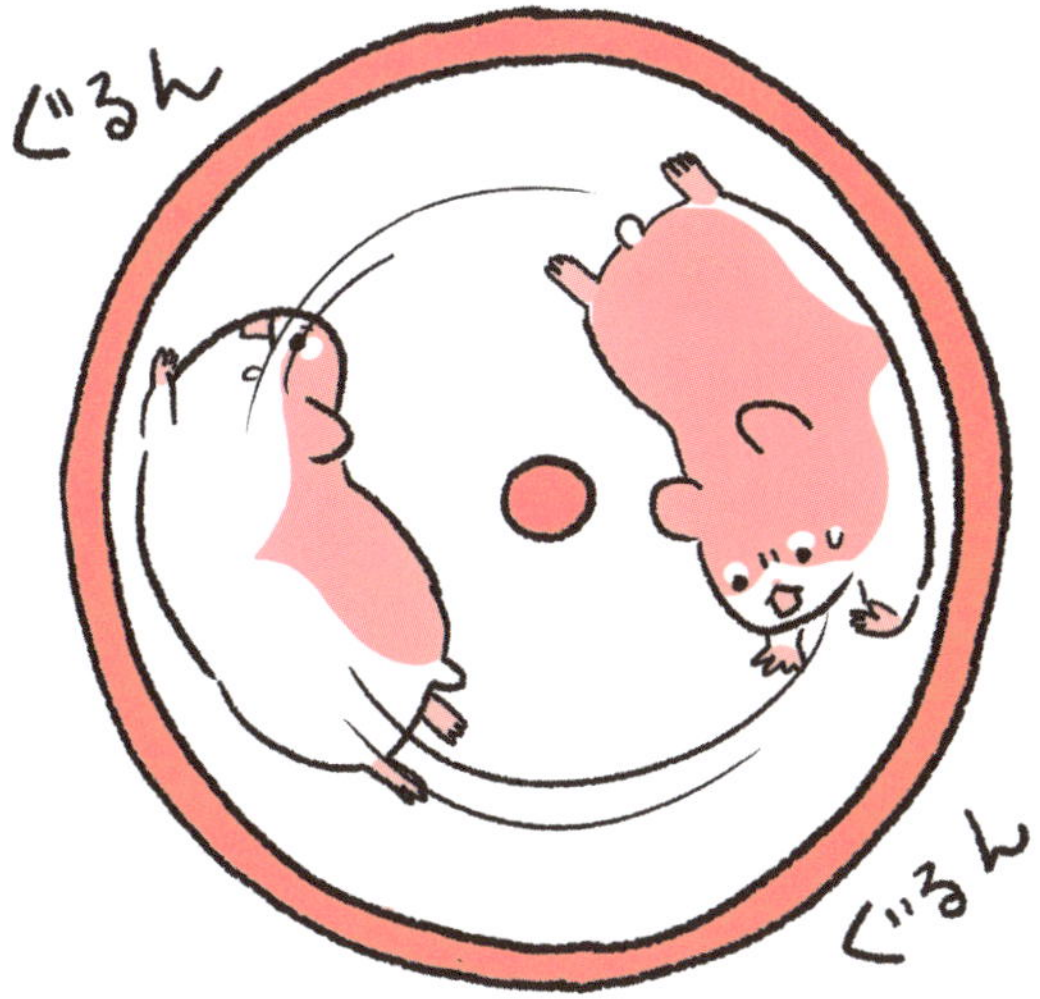

三半規管が優れています

回し車で全力疾走している途中、足をすべらせてそのままグルグルと何周も回ってしまうこと、よくありますよね。この光景を見ると、飼い主は「わたしだったら絶対酔うわ」と思うそうですよ。人間なら酔うかもしれませんが、わたしたちは酔いません。

なぜなら、優れた三半規管をもっているから。グルグルと体が回転しても、三半規管がバランスを保ってくれます。ときどきよろめくことがありますが、2〜3秒後にはもとに戻ります。

飼い主さんへ　ひと晩じゅう走り続けるくらい元気な子をお迎えしたい方へ。ショップへ行くのは夕方以降がおすすめです。わたしたちは夜型（74ページ）なので、昼間はほとんど寝ているのがふつう。活動時間帯のようすを見てもらえれば、その子の本来の姿がわかりますよ。

両目の色が違います

＃体　＃オッドアイ

虹彩の色によって目の色が変わります

基本の黒色をはじめ、ルビーや濃い紫などわたしたちの目の色はさまざまです。目の色とはつまり、虹彩《こうさい》を通して透けて見える血管の色。虹彩の色素の濃さによって、血管がどれだけ透けるかが変わります。色素がまったくなくなると、血管がすべて見えるので赤色の目になります。

ごくまれに、片方は赤でもう一方は濃い紫といった左右の目の色が違う子がいます。片方ずつ色が異なることを、「オッドアイ」とよびますよ。

飼い主さんへ　もともとの目の色は黒色です。毛の色（175ページ）もそうですが、目の色の変化も突然変異で起きたもの。黒目以外のハムスターは、人の手によって保存され、交配を重ねられました。赤色の目は、毛の色素が薄い子に多いようですね。

遠くのものが見えません

#体　#近視　#色の識別

わたしたちは近眼です

わたしたちは近眼なので、遠くのものはほとんど見えません。近くも、20センチほどの範囲しか見えないのですが……。色の見分けはイヌと同程度でしょうか。ほとんど地中で暮らしていたので、色を見分ける必要がなかったですし。青、緑、黄色、赤、オレンジ色をかすかに見分けられるかな?

　これだけ視力が弱いので、視覚には頼らずに生活をしています。見えなくても、嗅覚(144ページ)と聴覚(145ページ)でバッチリ生活できますよ。

飼い主さんへ　掃除したあとに「巣箱とか回し車は同じだから、自分の家ってわかるでしょ」と思う方、われわれの視力の悪さを甘く見ています。ケージのすみからすみまで見えないのはもちろん、色の識別もあまりできないので、視覚での記憶はほぼありませんよ。

#体　#視野

真後ろ以外見えるよ

視野はとても広いですよ

前ページでわたしたちは視力が悪いと説明しましたが、視野はとても広いですよ。飼い主の顔を見てください。目は顔の正面についていますよね。わたしたちの目はどこについていますか？　顔の横のほう、そしてちょっと上側にあります。この位置にあることによって、首を動かさないまま、正面、上下左右、なため後ろを見ることができるんです。

死角は真後ろだけ。真後ろになにかの気配を感じたら……、とりあえずかたまりましょう（42ページ）。

飼い主さんへ　ハムスターの全体視野は270～300度と広いですが、両目が重なった部分は60～75度とせまめ。そのため、ものの距離を正確につかむことが苦手です。人間の場合、全体視野は170～210度ですが、両目が重なる部分は約120度とわれわれよりも広いですよ。

視界がぼんやりしている？

＃体　＃白内障

白内障かもしれません

最近手もとが見づらくて、なんとなく視界がぼんやりしているな、とのことですが……。ちょっとわたしに目を見せてもらえますか？　やっぱり。目が白くにごっていますね。これは白内障《はくないしょう》という病気です。

白内障になると、レンズの役割を担っている水晶体がにごってしまい、視力が低下してしまいます。進行すると失明することもあります。ただ、もともと視力に頼らずに生きているので、失明したあともいつも通りの生活を送っている子がたくさんいますよ。

飼い主さんへ　白内障の原因としては、老化のほかに糖尿病が挙げられます。白内障は完治することがない病気ですが、薬を使えば進行を遅らせることができますよ。もし発症しても、視力には頼らずに生活ができるのでご安心ください。

とっても暑いの～

＃体　＃体温調節

あお向けになって体を伸ばしましょう

日本の夏のなにがいやって、ジメジメしているところ！　野生ハムたちも砂漠など暑い地域で暮らしていますが、日本と違って乾燥しています。それに、地中の巣穴は涼しいですし。

日本のジメジメした暑さを乗り切るための、熱発散ポーズを教えましょう。まずはあお向けになります。その次に、手足をグーンと伸ばします。なるべく体のたくさんの面積を空気にふれさせれば、自然と体の熱が逃げていきますよ。

飼い主さんへ　飼いハムが自由に涼めるひんやりグッズをケージに置いてくれるとうれしいです。市販の冷感マットをケージのすみに置いてくれれば、好きなときに乗って涼むことができます。もちろん、エアコンでの温度管理は大前提ですよ！

さ……寒すぎる……

＃体　＃体温調節

ぎゅっとまるくなりましょう

暑いときとは逆に、寒いときは熱が逃げないよう体をぎゅっとまるめましょう。このときのポイントは、口もおなか側にぎゅっと入れること。息をおなかに当てて、あたためることができます。

また、床材もあったかグッズとして使えます！　床材の中にそのまま体を埋めてもよいですし、巣材をパンパンにつめた巣箱に引きこもることもおすすめ。寒い季節になると飼い主は床材を多めに入れてくれるので、どんどん巣材に活用しましょう。

飼い主さんへ　寒さで一番こわいのが、冬眠に入ってしまうこと。通常ケージにつめる床材は厚さ5センチほどあれば十分ですが、冬眠に入らないために、冬場は1〜2センチほど多くほしいところ。ケージの下に一部だけペットヒーターを入れても◎。

冬眠ってなに？

＃体　＃冬眠

厳しい冬を越すための方法です

気温がいっきに下がり食べものが減る冬は、野生のハムにとってかなり過酷な季節。冬眠をすることで、このつらい冬を乗り切るのです。

冬眠の準備としては、秋にたっぷりと食事をとって太り、巣穴に食べものをたくさんためます。冬眠前には3割ほど太りますよ。準備が整ったら、巣穴の入り口を枯れ草などでふさぎ、眠りに入ります。ちなみに、冬眠中もときどき目覚めて、ためていたごはんを食べたりトイレをしたり、わずかに活動をしています。

飼い主さんへ

「温度が10度を下回る」＋「ごはんが減る」という野生の冬と同じ状況になったら、飼いハムでも冬眠に入ってしまいます。一度冬眠すると目覚めるのはむずかしいです。冬ということを悟らせないよう、温度と食事管理を徹底してください。

Column

準備不足のまま冬がきたら?

冬眠に入るには、秋のうちにきちんと準備をすることが大切。もしも、十分な食事をとれず、冬を乗り切るだけの食糧を確保できなかったらどうなるのでしょうか?

おなかがすくので、寒いなか地上で食べものを探さなければなりません。しかし、ただでさえ食糧が減る冬場。そう簡単にごはんは見つかりません。そのうち、体が冷えて眠ってしまい、そのまま息絶えてしまいます。

クマさんも冬眠仲間でしょ? 飼い主が「冬に会うクマは凶暴」って話していたけど、そのクマさんも準備不足で冬眠に入れなかったってこと? 寒いし、空腹だし、でも食べものはないし……。そりゃ凶暴にもなりましゅよねえ。

ひっくり返ると、起き上がれない！

#体　#短足

足が短いからです

理由は単純。わたしたちが短足だからです！　穴を掘ったりせまいトンネルを動きまわったりするには、この足の長さがぴったり。もし足が長かったら、今ほどすばやく動けません。

起き上がるときは、足をピンと伸ばして反動を使いましょう。すぐにはうまくいきませんが、何度かチャレンジするうちにコツがつかめるかもしれません。ジタバタしていれば飼い主が起き上がらせてくれるので、助けを待つのも手ですよ。

飼い主さんへ　飼いハムが起き上がるのに苦戦していたら、ぜひ手助けしてください。ひっくり返るといえば、体をひっくり返して首の後ろの皮を引っ張って持つことで固定する、通称「獣医師持ち」はかなりつらい体勢です。むやみにこの持ち方はしないでくださいね。

ふわふわの毛、じまんなの

#体　#毛質

「絹毛ねずみ」とよばれています

この美しくてさわり心地のよい毛質。われながらほれぼれしちゃいますよね♥　この毛質は、ゴールデンやジャンガリアンなど、種類問わずハムスター全員に共通している特徴です。

わたしたちは「キヌゲネズミ科」に属しています。このキヌゲネズミは、「絹のように美しい毛」ということから名づけられたもの。絹とは光沢のあるきれいな繊維のこと。見た目の美しさを表す言葉のなかでは、最大級の褒め言葉ですよ。

飼い主さんへ　ハムスターはもともと短毛の動物。長毛種は突然変異で生まれたもので、人の手で大切に繁殖されました。野生では長い毛はじゃま。いろいろな場所に引っかかったり、毛づくろいが大変だったりで、きっと生き残れません。

鼻とヒゲで情報ゲット!

#体　#嗅覚　#触覚

鼻とヒゲは万能レーダー

わたしたちは鼻を駆使して、あらゆるものをにおいで認識しています。なわばり、異性のにおい、ごはんの区別はもちろんのこと、においが発生している方向までわかりますよ。

鼻のまわりについたヒゲも超優秀。ヒゲがふれた感覚で「この道幅なら通れるな」「向こうから風が吹いている!」と情報を得ています。ちなみに、鼻とヒゲは連動しているので、鼻を動かせば同時にヒゲも動きますよ。

飼い主さんへ　実はわたしたちには、体全体に細かいヒゲが生えているんです。体についたものは「感覚毛」とよばれ、方向感覚や距離感を把握するのに役立っています。ヒゲを切るとその感覚が失われてしまうので、絶対に切らないでください。

かすかな音も聞き逃さないよ

#体 #聴覚

バツグンの聴覚！

なんらかの気配を察知するとき、ハムスターの場合は音によるものがほとんど。優秀な耳で、敵が立てるわずかな足音や翼の音をキャッチします。

聴力を人間と比べてみましょう。人間が聞ける音の範囲は20〜2万ヘルツなのに対して、われわれは1000〜5万ヘルツ。高音の聞きとり能力に長《た》けています！　ちなみにゴールデンは、2万4000〜4万8000ヘルツの声を出します。聞ける音の高さは、出せる音と同じくらいの範囲なんですね。

飼い主さんへ ハムスターの音の聞きとり範囲を見てもらえばわかりますが、低い音の聞きとりは苦手。ですから、人間の男性の低い声は聞きとりづらいんです。わたしたちに話しかけるときは、小さくて高い上品な声でお願いします。

あの子、わたしより小さい

#体　#ドワーフハムスター

ドワーフハムスターたちです

ゴールデンさんと比べると、体のサイズが半分ほどでしょうか。彼らは「小さい」という意味の「ドワーフ」ハムスターとよばれる子たちです。現在ペットとして飼われているハムスター（30ページ）では、ゴールデン以外がすべてドワーフとされています。

野生の世界に出たら、あなたより大きな子がたくさんいますよ。ハムスター界で最大といわれているのがクロハラハムスター。体長が30センチもあります。彼から見たら、あなたもドワーフでしょうね。

飼い主さんへ 小さいといっても、かまれると痛いですよ！　ごくまれにですが、ハムスターにかまれたことにより、吐き気や腹痛などのアナフィラキシーショックを起こす人がいます。飼いハムにかまれたあとアレルギー症状が見られたら、すぐに病院へ行きましょう。

Column

そっくりな2種

ジャンガリアンハムスターのそっくりさんとして有名なのが、キャンベルハムスター。ショップでも間違えて売られていることが多々あります。もちろん、まったくの別品種です。ふたりの違いを学びましょう。

	ジャンガリアン	キャンベル
性格	とてもおだやかで、人になつきやすい性格。手乗りにだってなれちゃいます。	とてもやんちゃ。人をこわがりませんが、気が強いのでかみつくこともあります。
見分けるポイント	上から見ると細長い体形。目もとが広くて、口先が太め。耳の先はまるめで、内側の毛はどんな毛色でも白色です。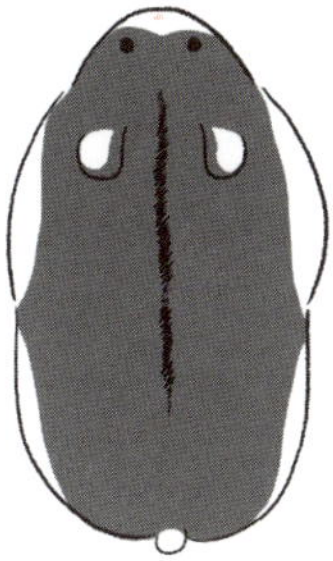	上から見るとまるっこい体形。目もとがせまく、口先は細め。耳は三角形で、内側の毛は体と同じ色です。

オスのオシッコがくさい

＃体　＃オシッコのにおい

濃くてくさいオシッコで男をアピール！

わたしたちのオシッコは、水分量が少なくてとても濃いタイプ。においに鈍感な飼い主でさえオシッコのにおいに気づくほどなので、においもかなりきつめ。だからこそ、なわばりのアピールにオシッコが大活躍しますよ（28ページ）。

野生では、オスのなわばりの中にメスが小さななわばりをつくります。メスよりくさいオシッコで、オスは自分のなわばりを誇示！　といっても、においは微妙な差ですけどね。

飼い主さんへ

オシッコやウンチは、飼いハムの体調を知る大きな手がかり。ウンチのかたさや個数、オシッコの色と量は、健康なときからつねにチェックしておきましょう。体調をくずしたときに、すぐに気づくことができますよ。

おしりからガスが出た

＃体　＃オナラ

われわれはオナラをします

おしりからガスが抜けた感覚がしました？　それ、オナラというやつです。腸で食べものが発酵されたときにガスが発生し、おしりからププッと出てきます。

飼い主もブーッとオナラをしますよね。においをかいだことはありますか？　とてもくっさ〜いですよ。オナラのにおいは、食べるものによって決まります。飼い主のように、肉を食べるとかなりくさいオナラが出ますが、わたしたちは草食中心の生活なので、においはほぼしません。

飼い主さんへ　かたまるタイプのトイレ砂や綿をのみこみ、腸につまってしまうことがあります。ウンチが出にくくなり、食欲が落ちて最悪の場合は命を落としてしまいます。飼いハムのまわりには、口に入れてダメなものは置かないでください。

痛いってあんまり思わない

#体　#痛点

痛みには鈍いタイプ

どこかにぶつかった飼い主が「痛い！」と言うの、よく聞きますよね。みなさんはどうですか？　たとえば、散歩中にテーブルから落下したり、回し車から転がり落ちたりしても、あまり「痛い」とは思いません。それは、痛みを感じる痛点《つうてん》が、人間に比べて少ないからです。

痛みに鈍感だからといって、ケガをしないわけではありません。高いところから落下したら骨折することだってありますよ！

飼い主さんへ

わたしたちは内臓の痛みには気づきますが、骨折などケガによる痛みにはとても鈍感です。高いところから落下した場合、もしかしたら骨折をしているかもしれません。万が一落下した場合は、歩き方がおかしくないかチェックしてください。

手足の指の数が違います

#体　#指

歩くことに特化したつくりです

手から見てみましょう。指が4本ありますね。穴を掘ったりごはんを持ったりするのに使うので、とても頑丈なのがポイント。足の指は5本あります。足の裏を地面にしっかりつけて歩きます。

わたしたちの走るスピードの最高時速は5キロです。同じ穴掘り仲間のモグラよりも1キロ速く、ハツカネズミより1・5キロ遅いですね。走るスピードでは勝負していませんから、ネズミより遅くても悔しくありませんよ！

飼い主さんへ 野生では、①掘る、②走る、③穴をくぐる――という行動が主です。この3つの習性を活かした遊びを用意しましょう。①は床材を多めに入れてもらえれば、好きなだけ穴掘りができます。②は回し車、③はトンネルのおもちゃがぴったり♪

奥歯は伸びる？

#体　#奥歯

奥歯も のびるのねー
あーーん
ハムスター
ハタネズミ

前歯と違って、奥歯は伸びません

前歯（58ページ）と違って、ハムスターの奥歯は伸び続けません。歯を数えてみましょう。前歯が上下に2本ずつと、奥歯が上下6本ずつ。全部で16本ありますね。ごはんを食べるときは、前歯でかみくだき、奥歯ですりつぶしてのみこみます。

奥歯が伸び続けるげっ歯類もいますよ。隣にいるハタネズミさんの奥歯を見てください。彼の奥歯は伸び続けています。前歯だけでなく、奥歯の伸びすぎにも気を配らなきゃいけないなんて……。彼も大変ですね。

飼い主さんへ 必要な栄養素がぎゅっとまとめられたペレットは、歯ごたえもあるので歯の伸びすぎ防止にもぴったり。主食として選ぶ方が多いです。あごの力が弱くなるシニアのハムには、ペレットをふやかしてあげるとよいですね。

歯、黄色くない？

#体　#歯の色

げっ歯類の特徴です

わたしたちの歯って、ちょっと黄みがかっていますよね。前歯の前面が黄色～だいだい色なのは、げっ歯類全般の特徴です。エナメル質がつくられるときに、銅などがカルシウムといっしょにとりこまれるためこのような色がつくのです。

そうそう。人間が描くわたしたちの絵、ときどき上の前歯のほうが長いんですが……。本当は下の前歯が長いです。かむときは、上の歯で固定し、下の歯でかみ切っているんです。

飼い主さんへ 上あごと下あごの長さが先天的に違うと、上下のかみ合わせが悪くなります。また、歯が曲がっているだけでなく、口が閉まらずによだれを垂らしている場合も不正咬合（21ページ）の疑いが。定期的に歯と口もとをチェックしてください。

いつおとなになるの？

#体　#成長

生後2か月でりっぱなおとな！

ここでは「親になること」をおとなと定義しましょうか。種類にもよりますが、だいたい生後3週間で乳離れをします。そこから独り立ちをして、生後2か月経てば、体も心もりっぱなおとな。次は自分が親となり、子どもをつくることができます。

ハムスターの寿命は、ゴールデンは3年、ドワーフは2年ほどといわれています。野生では、自分が生きている間になるべくたくさんの子どもを産み、種を絶やさないことが重要とされているんですよ。

飼い主さんへ　ハムスターは一生子どもを産むことができますが、年をとるにつれて一度に生まれる子の数は減ります。出産は体に負担がかかるので、シニアのハムは避けたほうがよいです。90ページで出産について詳しく説明しているので、参考にしてくださいね。

Column

ハムの成長

わたしたちはどのように成長していくのでしょうか。お母さんに育てられる幼児期、独り立ちをする青年期、体の衰えを感じるシニア期と、3段階に分けて見ていきましょう。

誕生～3週間

生まれたての赤ちゃんは、毛が生えておらず目も耳も開いていません。お母さんのおっぱいを飲んで過ごします。生後2週間経つと、毛が生えそろって視覚や聴覚がはっきりしてきます。ほお袋も使いこなしはじめますよ。

3週間～

親と同じごはんが食べられるようになったら、離乳した証拠。きょうだいどうしでのケンカや繁殖を防ぐために、1匹ずつのケージに引っ越します。運動したり子どもをつくったり、もっとも活発に動く時期です。

1歳半～

この時期を境に老化のサインが出はじめます。背骨が曲がったり、毛のつやがなくなったり、動きが遅くなったり。あごの力も弱くなります。食事は健康の基本なので、食べやすいものをたくさん食べて体力をつけましょう。

人間の体から水分が出てる！

＃体　＃汗

汗というものです

「暑いな〜」とうなだれている飼い主の体から、水分が出ていますね。あれは汗というもので、汗腺《かんせん》から出ています。おや、飼い主が扇風機をつけましたね？　扇風機の風を汗に当てて気化させ、涼しくなろうとしています。

ハムスターの体には汗腺が少ないので、ほとんど汗をかきません。つまり、暑いときに風を当てられても気化しないので効果なし。暑いな〜と思ったときは、138ページで紹介した熱発散ポーズをとりましょう。

飼い主さんへ　体温が高く、苦しそうに呼吸をしているときは熱中症の可能性があります。飼いハムがぐったりしていたらすぐに涼しい場所へ移動させて。病院に連れていくときは、キャリーの上に保冷剤を置き、キャベツなど水分補給用の葉物野菜を入れてください。

オスとメス、どう見分ける？

＃体　＃性差

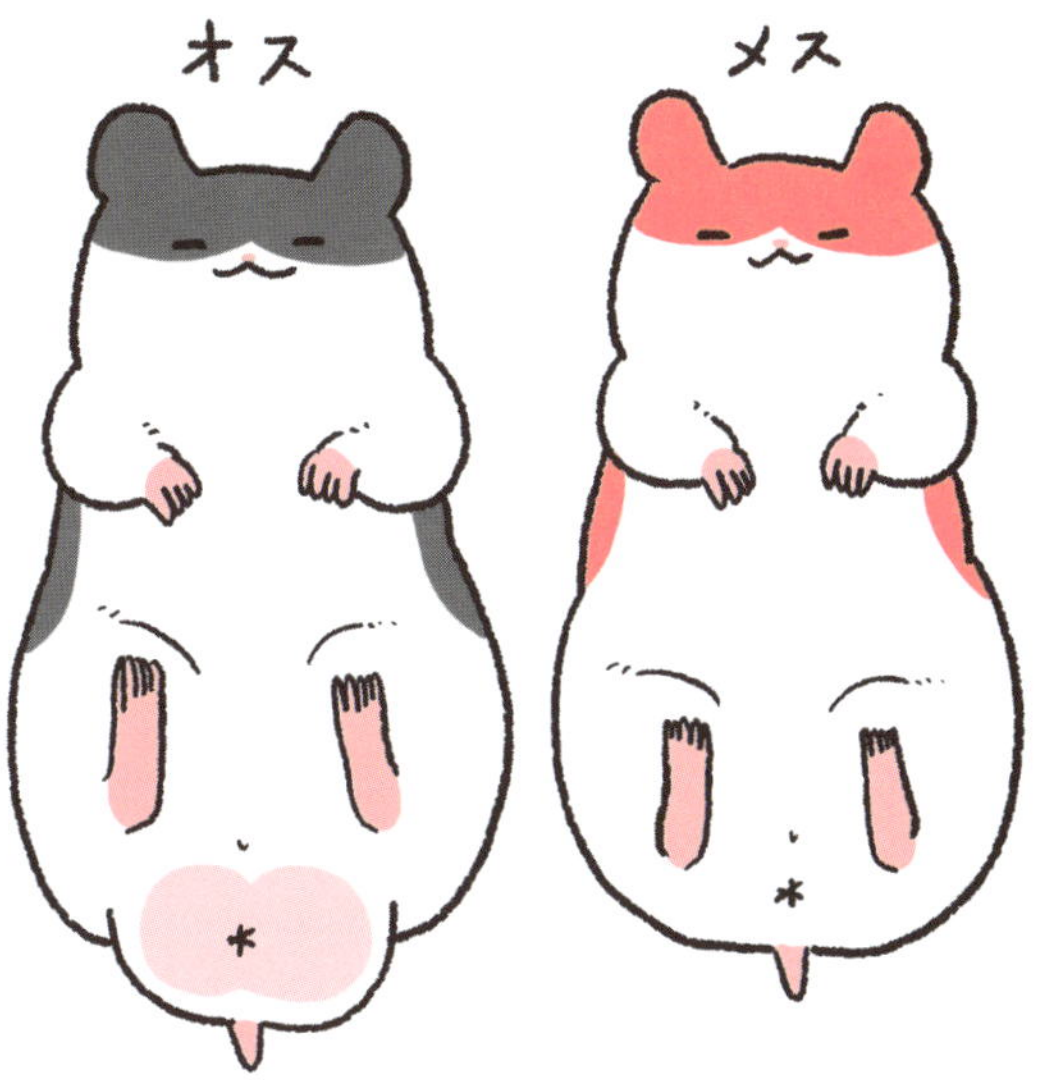

股をチェックしてみて

あの子がオスかメスか、パッと見では区別がつきませんよね。体の大きさや顔つきも性別で差がないからです。ちょっと恥ずかしいですが、股を観察してみましょう。

ポイントとなるのは、肛門と生殖器の位置関係。メスよりオスのほうが、間隔が広いですね。また、メスの生殖器のまわりには毛が生えています。発情期のオスは、睾丸がパンパンに腫れているため、すぐに判断ができますよ。

飼い主さんへ　子どものころに性別を判断するのはかなりむずかしいですが、チャイニーズハムスターならオスとメスで体に特徴があります。オスは睾丸がおしりの後ろあたりについているので、そのぶんだけメスより体長が長いですよ。

最近太ったかな？

＃体　＃ダイエット

ダイエットはじめます？

太った原因は、主に食事と運動不足です。高カロリーな種子類ばかり好んで食べていたら、摂取カロリーが消費カロリーを超えるのは当然。ペレットや野菜なども食べるように努力しましょう。運動不足の場合は飼い主に頼んでトンネルなどのおもちゃを増やしてもらうのも手ですね。広いケージに引っ越しさせてもらい、活動範囲を広げるのも一案です。

正しい食事をとって適切な運動をすることが、〝美ハム〟への近道です！

飼い主さんへ　アニメやマンガのイメージで「ハムスターの主食はひまわりのタネ」と思いこんでいる飼い主も多いようですが、それは勘違い！　ひまわりのタネは高カロリー・高脂肪なので、与えすぎるとすぐ肥満になってしまいます。

Column

でぶハムチェック

肥満はあらゆる病気のもと。「ぽっちゃりしたかな?」と感じたらダイエットのスタートです。下の4つの項目のうち1つでも当てはまれば、“でぶハム”予備軍ですよ。

□ くびれはある?

わきばらにくびれはありますか? くびれがなく、後ろ姿がまるっこいのは肥満体形です。

□ 毛づくろいはできる?

太ると体が動かしづらくなります。日課の毛づくろいができなくなったら、太っている証拠です!

□ おなかの毛はきれい?

太っておなかが出ると、歩くときに地面にこすれて毛がはげてしまいます。

□ 足のつけ根がたるんでない?

足に脂肪がついていないか確認を。足のつけ根が何重にもたるんでいる、またはプヨプヨしたさわり心地ならアウト!

体重をはかろう

きちんと数値で体重管理をすることが大切です。キッチンスケールなどに乗り、飼い主に1グラム単位で記録してもらいましょう。

ひとやすみ

美しさのヒケツ

見えてるよ、たぶん

6章
ハム雑学

知って損はないトリビア集です。
まわりの友だちにも教えてあげましょう。

先祖と人間の出会いは？

#雑学　#先祖

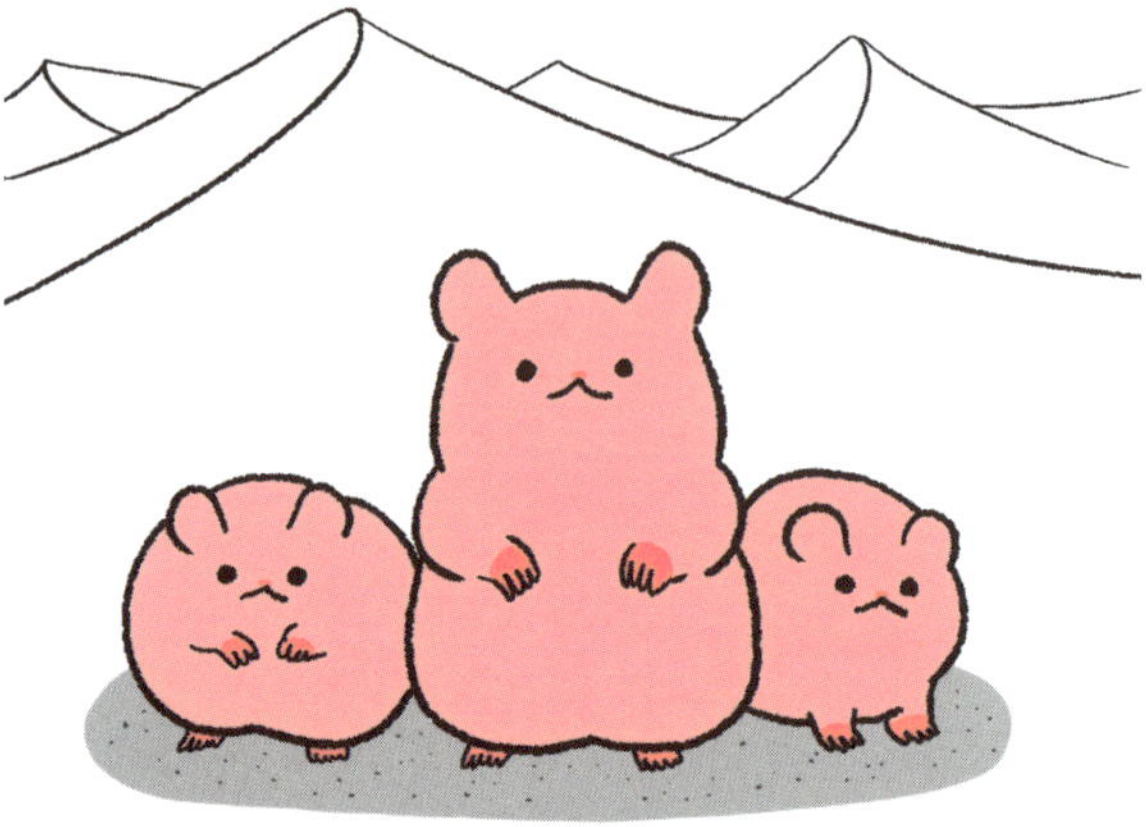

1930年、西アジアのシリアの砂漠にて

最初に人間と出会ったのは、ゴールデンハムスター。とある大学教授が、シリアの砂漠・アレッポにて、母ハムと12匹の子どもたちがいる巣穴を見つけました。今のような茶と白のノーマルカラーでなく、全身が茶色と黄金色と灰色が混ざったような色をしていました。教授は13匹全員を連れて帰りましたが、脱走したりケンカしたりで、数日後には1匹のオスと2匹のメスだけが残りました。この3匹が交配を重ね、どんどん増えていったのです。

飼い主さんへ　ゴールデン一家は、ひとつの箱で全員いっしょに暮らしていたそう。なわばり争いが起きたこと、容易に想像できますね。生き残ったのは3匹だけでしたが、われわれは近親交配に強い動物。生まれた子がすぐ親となり、どんどん数を増やしたのです。

日本にはいつ来たの？

＃雑学　＃来日

1939年、歯の研究のために来日

1930年に見つけられ、ものすごい勢いで繁殖したゴールデンハムスターは、1931年にはロンドンに、1938年にはアメリカへと世界中に運ばれます。そして1939年、歯の研究のための実験動物として、アメリカから日本にやってきました。ペットとして家庭に広まったのは1970年ごろ。

最初の出会いが実験動物として、というのは複雑ですが……。今こうして飼い主と暮らしているのは、その出会いがあったからなんですよね。

飼い主さんへ　皮膚移植やがんの研究にも活躍したわたしたち。とくに、冬眠の研究に重宝されたようです。わたしたちは、地中にもぐらなくとも気温が下がれば冬眠に入ります。目の前で冬眠を観察できる動物はめずらしいですもんね。

野生ではどんな暮らし？

＃雑学　＃野生

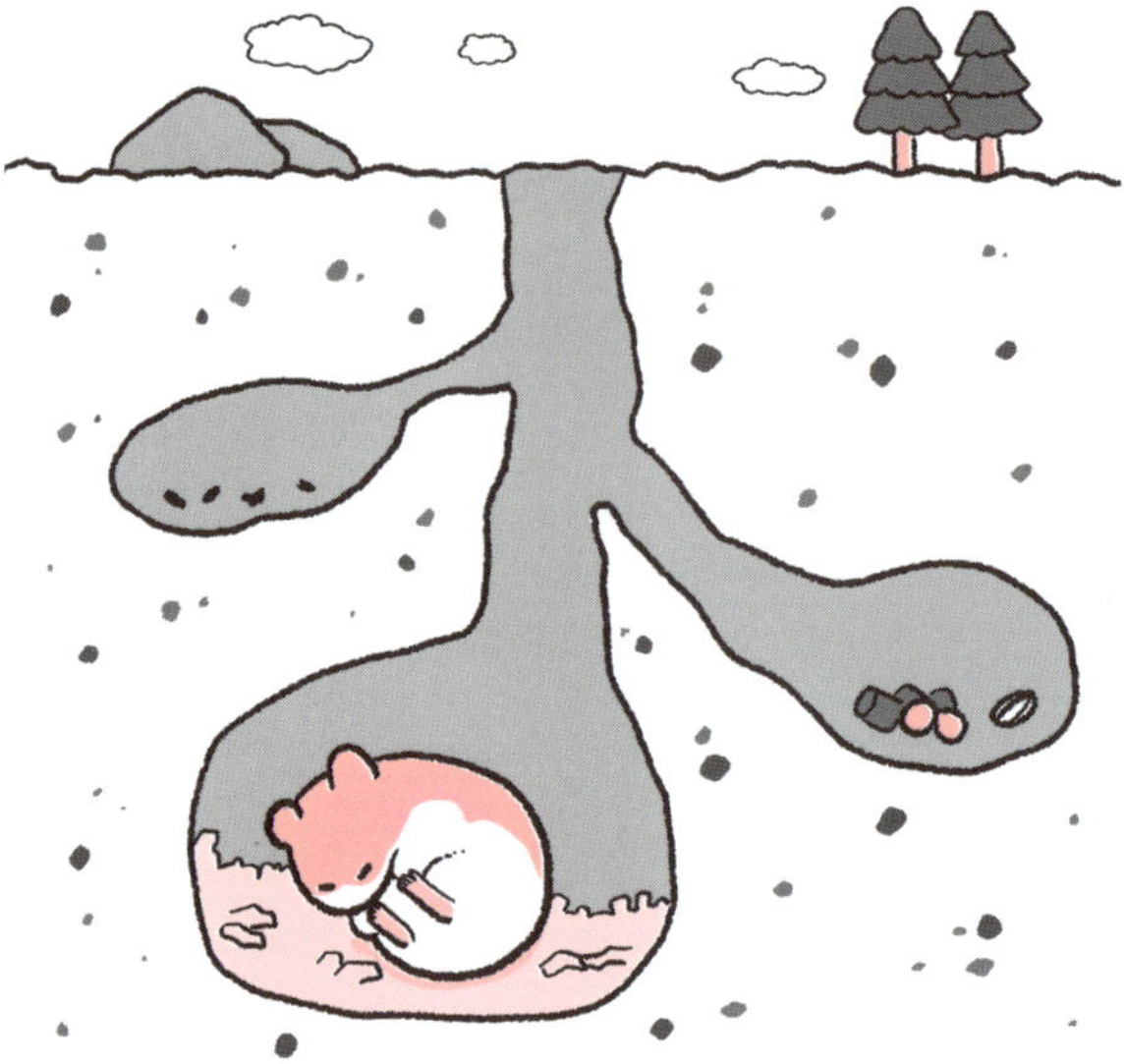

昼は巣穴で眠り、夜はごはん探しへ

野生では、地面に穴を掘り地中に巣穴をつくって生活します。ハムスターを捕食する動物たちが活発に動き、捕食される可能性が高い昼間の時間帯は巣穴で眠り続けます。夜になると、あたりのようすをうかがいながら地上に出て、ごはんを探しに向かうのです。「ごはんを見つけてはほお袋につめ」をひと晩じゅうくり返して、敵が目覚める前に巣穴へ戻ります。

昼は寝て、夜活発に動く。飼いハムのみなさんと似たような生活でしょう？

飼い主さんへ　地中に巣をつくる理由は2つ。1つ目は、外敵から身を守るため。地上にはキツネやフクロウなどの敵がわんさかいます。2つ目は、温度面。野生のハムスターが暮らす砂漠は昼と夜の寒暖差がとても激しいですが、地中なら温度が一定に保たれるのです。

Column

野生ハムの1年

ハムスターが暮らしているのは、主に岩石《がんせき》砂漠《さばく》とよばれるところで、わずかですが植物も生えています。そして、春夏秋冬といった季節もありますよ。季節に合わせて生活する、野生ハムの1年を見てみましょう。

春 赤ちゃんをつくる!

秋に次いで過ごしやすい季節。食べものが豊富にあり、気候もおだやかなので、この時期に赤ちゃんをつくるハムスターが多いです。

夏 巣穴で暑さしのぎ

暑さは大の苦手。地上で動きまわると、エネルギーを大量消費してしまいます。なるべく巣穴に引きこもって、体力の温存に努めます。

秋 冬眠の準備

実りの秋は、ハムスターがもっとも活動的な季節。ごはんを食べるだけ食べて太り、巣穴にもごはんをためて、これからの冬眠に備えます。

冬 冬眠

寒さが厳しい砂漠では、冬眠をして冬を乗り切ります。巣穴の温度が約10度以下になると冬眠スタート。11月ごろから4月ごろまで眠ります。

どうして「ハムスター」なの？

#雑学　#名前の由来

ドイツ語で「貯金」という意味の「hamstern」

ハムスターは英語で「hamster」と書きます。「hamster」の名前の由来には諸説ありますが、一番有力なのはドイツ語で「買いだめする」「貯金」という意味の「hamstern《ハムステルン》」かと思います。ほお袋にせっせとごはんをつめたり、食糧貯蔵庫にごはんを隠しておいたり……。わたしたちのいつもの行動、「hamstern」の意味にぴったりだと思いませんか？　なんとなく響きもかわいいですし、わたしは「hamstern」説を推します。

飼い主さんへ　ごはんをためておく食糧貯蔵庫の場所は、飼いハムそれぞれ。巣箱の中だったり、ケージのすみっこだったり、回し車の後ろだったり。だれにも盗まれる心配がない場所を見つけて埋めます。1か所だけでなく、複数箇所に食糧貯蔵庫をつくる子もいますよ。

どうしてしっぽが短いの？

#雑学　#しっぽの長さ

長いしっぽは じゃまだからです

もちろん、長いしっぽをもつ動物もたくさんいます。リスやネコ、サルたちがそうですね。彼らに共通するのは、木に登ったりジャンプしたりなど、立体的に動くということ。その動作をするときに、長いしっぽでバランスをとっているのです。

　わたしたちはどうでしょうか。立体的な動きはせずに、地面を歩きまわって生活していますよね。もしもしっぽが長かったら、いつも引きずって歩かなければなりません。じゃまで仕方ないでしょう？

飼い主さんへ

ハムスターと同じように、地中で暮らすモグラのしっぽも短いですよ。地中に穴を掘って暮らし、地上を歩きまわる生活では、長いしっぽは必要ありません。どんどん退化していき、現在のような短いしっぽになりました。

しっぽが太い子、だれ？

＃雑学　＃尾太ハムスター

尾太ハムスターという子です

長くて、少しぷっくりふくれたしっぽをもっているあのふたり。見た目の通り、「尾太《おぶと》ハムスター」とよばれています。

あのしっぽ、実は栄養状態のバロメーターになっています。しっぽに栄養がいき、脂肪となってたまり太くなるからです。尾太ハムスターさんたちのしっぽを比べてみましょう。右の方はぷっくり太くて、左の方はやや細めです。左の方は栄養が足りていないですね。もっとごはんを食べてください。

飼い主さんへ　チラリとおしりを見て「しっぽ、こんなに太かった？」と思ったら、肛門から出た腸かも。下痢や便秘が原因で、腸が押し出されてしまうことがあります。腸にさわらないように注意して病院へ連れていき、病院でもとに戻してもらいましょう。

あの子とわたし、お乳の数が違う

#雑学　#乳の数

12～17個ついています

おなかを見てみましょう。あなたは12個、となりの方は14個ですね。お乳がついている位置も微妙に違いますよね。個体差はありますが、ハムスターには12～17個のお乳がついていますよ。

ほ乳類のお乳の数は、一度に出産する子どもの数に合わせてだいたい決まります。子だくさんのわたしたちには、そのぶんだけお乳が必要です。生まれてきた赤ちゃんがお乳を吸えなくて困らないように、たくさんついているんですよ。

飼い主さんへ ゴールデンなら平均して8匹、ドワーフなら平均して4匹の赤ちゃんを一度に産みます。赤ちゃんたちに同時に母乳を与えるには、それだけのお乳が必要です。人間のお乳が2つしかないのは、一度に出産する子の数が少ないからです。

虫歯になりたくない

＃雑学　＃虫歯

エナメル質が破れたら危険！

飼い主が「虫歯かな？　歯医者さんに行かないと」と憂うつそうに話していたんですね。わたしたちの歯はエナメル質で覆われているため、エナメル質がある限り、歯に菌が入ることはありません。

しかし油断は禁物です。ケージの金網をかむなどで歯が割れたりしてエナメル質が破れてしまったら、菌が入り放題。虫歯になったら、かたいものが食べられなくなります。そうなったら仕方ありません。おとなしく飼い主と病院へ行き、治療してもらいましょう。

飼い主さんへ　エナメル質の傷のほか、くちびるや歯ぐきにできた傷も菌の侵入口になります。そのほか、虫歯の原因には砂糖が挙げられますが、自然界に砂糖は存在しないので、野生ハムは口にしません。飼いハムも必要としていないので、砂糖水などは与えないでくださいね。

ネズミとどこが違うの？

#雑学　#ネズミと比較

見た目にも違いがありますよ

大きな違いは3つです。まずは毛のやわらかさ。143ページで紹介したように、わたしたちの毛は絹のようにサラサラ。目を閉じたままでも、体をさわればどちらなのかわかるはずです。

次に、ほお袋があること。げっ歯類で冬眠をする動物にはほお袋がついていますが、ネズミは冬眠をしないのでありません。

最後に、しっぽの長さ。わたしたちに比べて、ネズミのしっぽはとても長いですよ。

飼い主さんへ

ネズミもハムスターも「げっ歯目」までは同じ。そこからさらにネズミは「ネズミ科」、ハムスターは「キヌゲネズミ科」に分けられます。ひとくくりにされがちですが、右で紹介した点以外にも、耳の大きさや歯の形も違うんですよ。

世界中に仲間がいるでしょ!

#雑学　#生息地

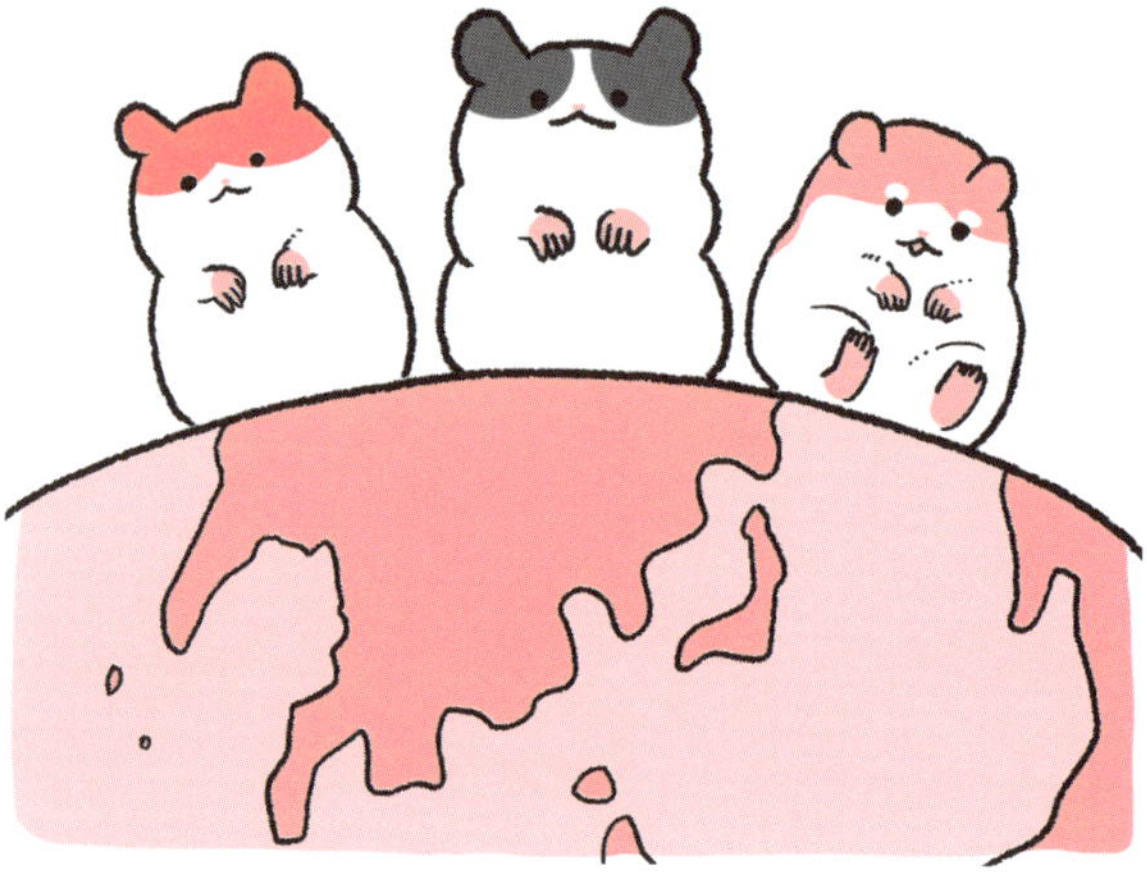

山岳地帯から砂漠まで いろいろな場所で暮らしています

現時点で確認されている野生のハムスターは22種類。彼らはユーラシア大陸を中心に、いろいろな場所で暮らしています。わたしたちは敵が多くとても弱いので、ほかの動物から逃れるようにして、安全なすみかを探します。その結果、砂漠や乾燥した草原などで暮らす仲間が多いのです。

各種類には、暮らしている場所の特徴があります。体の小さいドワーフたちは過酷な状況で暮らしているため、足の裏にまで毛が生えていますよ。

飼い主さんへ　標高3000メートルの山岳地帯で暮らすハイイロハムスターや、カンガルーのようにジャンプしながら動きまわるヒゲカンガルーハムスター。いろいろな特徴をもった野生ハムたちが、世界中のあちこちで暮らしていますよ。

Column

野生ハム、絶滅の危機

つい先ほど世界中に野生ハムがいると紹介しましたが、近年その数は減っています。土地の開拓などにより、住む場所がなくなったことが原因です。

なかでもシリアの砂漠・アレッポに住む野生のゴールデンハムスターは、戦争によって絶滅の危機にさらされています。国際自然保護連合のレッドリストで、絶滅の可能性が高い「危急種」とされているのです。

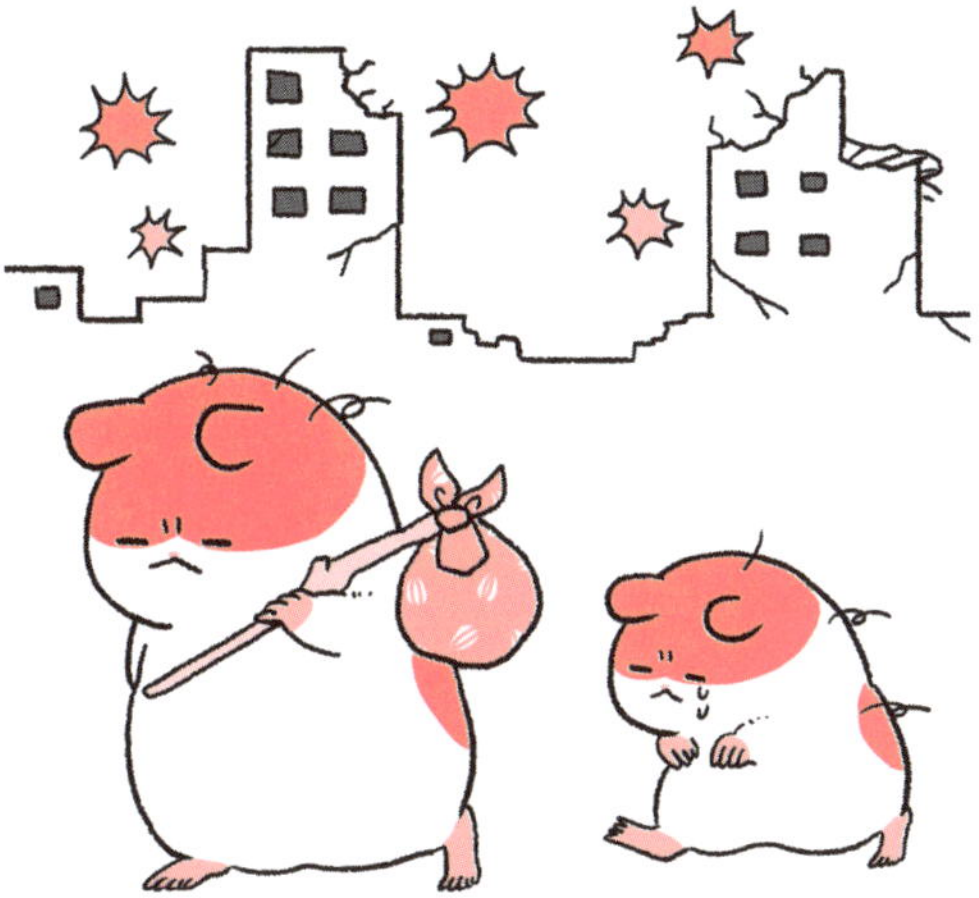

野生のハムさんたちは、大変な暮らしを送っているのじゃなぁ。しかし、ペットや実験動物としては、何千万匹を数えるほどたくさんいるはず。種が消えることは、今のところは心配しなくてよさそうじゃ。

砂漠に追いやられたの？

#雑学　#生息地

いい土地はクロハラのもの

172ページで、わたしたちは強い動物たちから逃げて砂漠で暮らすことになったとお話ししました。このような弱肉強食は、ハムスターの間でもあります。

わたしたちのなかで一番体が大きく力もあるのは、クロハラハムスター。植物が生えていて、比較的住みやすい土地のとり合いになったとき、勝利したのはもちろんクロハラです。強いものがよりよい場所に住み、弱いものほど住みづらい場所に移動する。世知辛い世の中ですね。

飼い主さんへ　クロハラハムスターは、ハムスターのなかで最大級の大きさ。体長は30センチほどあり、体重はなんと1キロを超える子もいますよ。ベルギーやヨーロッパ中部など、野生ハムの間では比較的暮らしやすい地域に住んでいます。

毛の色、いろいろだね

＃雑学　＃毛色

もともと野生では茶色のみでした

もともとわたしたちの毛色は茶系のみ。土にまぎれる色のほうが、敵から見つかりにくいからです。突然変異で白がまざった毛色の子が生まれることがありますが、目立ってしまってすぐ捕食されてしまい……。こういう事情で、野生では茶系以外の毛色の子孫を残すことができませんでした。

人に飼われたことで、シルバーやサファイアブルーなどさまざまな毛色の子が生き残れるようになり、現在の豊富なカラーが誕生したんです。

飼い主さんへ　突然変異の最たるものが、アルビノという個体です。色素がまったくなく、毛が真っ白で目も赤色というもの。白黒ブチのダルメシアンなどの柄ができたのも、ペットになってからです。あんなに目立つ柄が野生にいたとしたら、すぐに敵に捕まってしまいますからね。

冬になると白くなります

＃雑学　＃冬毛

ジャンガリアンは 別名「ウィンターホワイトハムスター」

「夏はブルーサファイアだったのに、冬になると毛が真っ白に変わってしまった！」と驚きのジャンガリアンさん。ご心配なく。ジャンガリアンは「ウィンターホワイトハムスター」ともよばれ、その名の通り、冬になると毛が白くなることがあります。

野生では、ロシアなどの積雪地帯に住んでいます。冬になると雪が積もり、その中で敵から隠れるには、雪と同じ色になるのが最善策！　こうして、夏と冬で毛色が変わるジャンガリアンが生まれたのです。

飼い主さんへ　すべてのジャンガリアンの毛色が変わるわけではありません。そういえば、ホワイトの子を冬にお迎えしたら、夏に別の色に変わってしまった……という話をときどき耳にします（逆パターンもしかり）。何色であっても、飼いハムへの愛は変わりませんよね♥

ぼくは泳げるの？

＃雑学　＃泳ぎ

ほお袋を浮き輪にしてイヌかきをします

つい先日、大雨が降って、野生ハムが水たまりを泳がざるを得ない事態になりました。そのときのようすを見てみましょう。

ほお袋にたっぷりと空気をためて、プク〜ッとふくらませています。浮き輪代わりにしているんですね！　そして手をバタバタとかく。これはイヌと同じ泳ぎ方です。こうやって泳ぎ、無事陸地へたどりつきました。

飼いハムは泳ぐ機会なんてありませんが、もしものときはこうやって泳ぎましょう。

飼い主さんへ　もともと砂漠で暮らしていたわたしたちは、水が大の苦手。いざとなれば泳ぐこともできますが、無理やり泳がせるなんてことは絶対にしないでくださいね。冷たい水に濡れたあと、うまく体温を上げられずに命を落とす可能性があります。

結婚に制限ってあります？

＃雑学　＃結婚相手

同じ種類の相手とだけ赤ちゃんをつくることができます

「イヌは雑種が生まれるのに」ですって？　イヌは、1種類の先祖（野生種）を人間が改良し、さまざまな種類がつくられました。だから、チワワとポメラニアンのカップルでも、もともとは同じ野生種なので、雑種の赤ちゃんをつくることが可能なのです。

わたしたちはイヌと違い、人の手でつくり出された種類ではありません。ゴールデン、ジャンガリアン、ロボロフスキー、すべてが別の野生種。そのため、別の種類とは赤ちゃんをつくることができないのです。

飼い主さんへ　ジャンガリアンとキャンベルは姿が似ているので、間違えて夫婦にしないように注意が必要です。また、同種での近親交配は避けたほうがよいでしょう。ハムスターは近親交配に強い動物ですが、ほかのペアと比べて赤ちゃんに障害が出るリスクがあります。

赤ちゃんがたくさんほしい

#雑学　#赤ちゃんの数

24匹産んだママもいます

あなたはママにあこがれているんですね。かわいい赤ちゃんの姿を想像しただけでわくわくする気持ち、よくわかります。ゴールデンの先輩ママのなかには、一度に24匹の赤ちゃんを産んだ方がいますよ。24匹のかわいい赤ちゃん……夢がふくらみますね。

おっと、あなたはまだ結婚相手が決まっていないんですね？　まずはお見合いをして、パパにふさわしいオスを探しましょう。お見合いの方法は24ページで紹介しています。

飼い主さんへ　飼いハムが妊娠中は、ほかのハムスターを近づけないようにしてください。マウスのメスの場合、妊娠中にほかのオスのにおいをかいだだけで流産してしまうことがあります。ハムスターにも同様のことが起こる可能性大。なるべくストレスを与えないことが大切です。

ほお袋はどうやってできたの？

＃雑学　＃ほお袋の成り立ち

今
昔
おワ、ほっぺに入った
50コ入るよー
100コ入ります

もともとはただのシワでした

わたしたちハムスターの最大の特徴といえば、ほお袋ですよね。実はこれ、最初はただのシワでした。

ほおの内側にたまたま小さなシワができた先祖は、「このシワに、見つけた食べものを入れよう」と考えたのです。これが大当たり！　一度に手に入る食糧が増えたため、外出先と巣穴の往復がグンと減りました。これをくり返すうちに、シワがどんどん大きくなり、今のように大きなほお袋になったわけです。もしかすると、これからもどんどんほお袋が大きくなるかも!?

飼い主さんへ　カンガルーのおなかの袋も同じような成り立ちです。赤ちゃんがお母さんのおなかにつかまってお乳を飲んでいたときに、足を引っかけていたのがおなかのシワ。そのシワがだんだんと深くなり、今の袋になりました。動物の進化っておもしろいですね。

Column

外側にほお袋をもつネズミ

「ほお袋は、口の内側にあるもの」と決めつけているみなさん。実は……ほお袋を口の外側にもつネズミがいます！　ホリネズミ、通称「ポケットゴファー」とよばれる子です。

ポケットゴファーの暮らしぶりを見てみましょう。あ、食べものを見つけました。その食べものを、外側のほお袋につめこんでいます！　なかなか衝撃的な光景ですね。ほお袋がパンパンになったら巣穴に帰り、食糧貯蔵庫に保管しましたね。彼らの先祖は、ほっぺたの外側にできたシワを袋として活用したのでしょう。

彼に会ってみたいな〜。アメリカで暮らしているみたいだね。でも、ほお袋が口の外についているなんて、歩いているときに中身が落ちちゃいそうで不安だ。ぼくは口の中にほお袋があってよかった♥

ひなたぼっこ、気持ちいいね

#雑学　#体内時計

太陽の光は体内時計を整えてくれます

カーテンの向こうからほのかに感じる太陽の光、気持ちいいですね〜。太陽の光は、わたしたちの体内時計を整えてくれます。野生でも地上に出ているのは太陽が沈んでいる夜だけですが、巣穴に差し込む太陽の光を浴びていました。

昼行性のシマリスは、太陽の光をまったく浴びないと病気になってしまいます。わたしたちはそんなことはありませんが、太陽の光をまったく浴びないのは体によくありませんよ。

飼い主さんへ　カーテンレース越しに、1日15分ほど日光浴タイムを設けるのはいかがでしょうか。もちろん、日差しが強い時間帯や、窓辺が寒くなる冬場は避けてくださいね。ずっと室内にいるわれわれに、ときどき自然の光を浴びさせてもらえるとうれしいです。

ご長寿ってよばれたい！

#雑学 #長生き

ギネス記録は4歳と半年です

すてきな夢ですね。ゴールデンなら2年、ドワーフなら1歳半からシニアの仲間入り。この年齢を超えれば、りっぱなご長寿といえるでしょう。

しかし、夢は大きければ大きいほどいいもの。せっかくなので、ギネス記録を更新しませんか？ 今の記録はイギリスで飼われていた子で、4歳6か月がトップです。詳しい種類などの記録は残っていませんが、4歳6か月を超えれば、世界一のご長寿ハムとして名をとどろかせることができますよ！

飼い主さんへ ハムスターのなかには、先天的に長生きできない子や、体調をくずしてそのまま亡くなってしまう子もいます。寿命は個体によってさまざま。毎日飼い主に愛情をもって、大切にお世話をしてもらえたなら、飼いハムはとても幸せです。

夢ってなに？

＃雑学　＃夢

浅い眠りのときに見るものです

飼い主がときどき「こわい夢みたの～」と話しかけてきます。夢というのは、体は眠っているけど脳が起きているという浅い眠り、いわゆるレム睡眠中に見るものです。

わたしたちハムスターもレム睡眠をとるので、夢を見ているかもしれません。わたしは夢を見た記憶はありませんが……。睡眠中に足をピクッと動かしたり、ヒゲがピクピク動いたりしているときは、夢の中でなにかを発見しているのかもしれません。

飼い主さんへ ハムスターは約11分半の眠りをくり返します（76ページ）。ただでさえ短い睡眠時間をじゃまされることは、かなりのストレスです。寝ているようすを見たいからって巣箱のフタをとったりしないでくださいね。光で目が覚めちゃいます。

死んだあとはどうなるの？

#雑学　#お別れ

飼い主が大切に見送ってくれますよ

人間と比べると、寿命がとても短いわたしたち。お迎えのときと同様、お別れのときも飼い主がそばにいてくれるはずです。

飼い主が庭をもっているなら、箱にあなたと大好きなごはんを入れて、庭に埋めてくれますよ。「庭に埋められたら、ほかの動物に食べられないか心配」？　大丈夫、飼い主はきちんと対策をとっています。ほかの動物に荒らされないように最低30センチ以上の穴を掘って、お墓をつくってくれます。

飼い主さんへ　自宅に庭がない場合、ペット霊園も選択肢のひとつです。お墓をつくってもらう、納骨堂におさめるなど、霊園の方と相談しながら決めてくださいね。どんな方法にしろ、愛情たっぷり見送ってもらえれば、飼いハムも喜びます。

〇か×で答えよう ハム学テスト −後編−

前編に続いて、4〜6章を振り返ります。

目指すは満点のみ！

第1問	口の中にべったりとくっつくのはいい床材の証拠。	[　　]	→ 答え・解説 P.123
第2問	長毛種は、飼い主にブラッシングしてもらうとよい。	[　　]	→ 答え・解説 P.112
第3問	ハムスターは前歯も奥歯も伸び続ける。	[　　]	→ 答え・解説 P.152
第4問	遠視である。	[　　]	→ 答え・解説 P.135
第5問	冬になると、毛の色が変わるジャンガリアンがいる。	[　　]	→ 答え・解説 P.176
第6問	ハムスターボールはとても楽しいおもちゃである。	[　　]	→ 答え・解説 P.128
第7問	回し車でどれだけ回っても酔わない。	[　　]	→ 答え・解説 P.133
第8問	日本にはペットとしてやってきた。	[　　]	→ 答え・解説 P.163

第9問	歯が黄色いのは**虫歯**のせい。	[　　]	→ 答え・解説 P.153
第10問	ひっくり返ると起き上がれないのは**足が短い**から。	[　　]	→ 答え・解説 P.142
第11問	**お乳**の数は個体によって違う。	[　　]	→ 答え・解説 P.169
第12問	**違う種類**の相手とも赤ちゃんをつくることができる。	[　　]	→ 答え・解説 P.178
第13問	**性別**は顔を見ればわかる。	[　　]	→ 答え・解説 P.157
第14問	**泳ぐ**ことができる。	[　　]	→ 答え・解説 P.177
第15問	暑いときは、**体を伸ばして**熱を発散させる。	[　　]	→ 答え・解説 P.138

11〜15問正解

すばらしいです！　わたしの弟子になりませんか？

6〜10問正解

おしいです。もう一度本書を読めば、満点をとれるはず！

0〜5問正解

わたしが教えている間、回し車に夢中だったでしょう!?

INDEX

#キモチ

#しぐさ

#生活（ハムの生活）

#暮らし（人との暮らし）

#体

 # 雑学

監修　今泉忠明　いまいずみ ただあき

哺乳類動物学者。ねこの博物館館長。日本動物科学研究所所長。東京水産大学（現・東京海洋大学）卒業後、国立科学博物館で哺乳類の分類学、生態学を学ぶ。『おもしろい！　進化のふしぎ　ざんねんないきもの事典』（高橋書店）、『飼い猫のひみつ』（イースト新書Q）など、著書・監修多数。

イラスト　栞子　かんこ

イラストレーター。ハムスター展のDMデザインや『かわいいハムスターとの暮らし方』（ナツメ社）の挿絵を担当。愛ハムはゴールデンのこまちとふーすけ。http://kanko.ehoh.net/

カバー・本文デザイン　細山田デザイン事務所（室田 潤）
DTP　長谷川慎一
校正　若井田義高
編集協力　株式会社スリーシーズン（新村みづき）

飼《か》い主《ぬし》さんに伝《つた》えたい130のこと
ハムスターがおしえるハムの本音《ほんね》

監　修　今泉忠明
編　著　朝日新聞出版
発行者　片桐圭子
発行所　朝日新聞出版
〒104-8011　東京都中央区築地5-3-2
（お問い合わせ）infojitsuyo@asahi.com
印刷所　図書印刷株式会社

ISBN 978-4-02-333209-6

定価はカバーに表示してあります。
落丁・乱丁の場合は弊社業務部（電話03-5540-7800）へご連絡ください。
送料弊社負担にてお取り替えいたします。